kosmos

Peter Beck
Miniwassergärten

Peter Beck

Mini-wassergärten

Teiche für Balkon, Terrasse und Dachgarten

Franckh-Kosmos

Impressum

Mit 18 Farbaufnahmen vom Verfasser (15), Burkhard Kahl (S. 56 unten), Ingeborg Polaschek (S. 38 oben rechts) und Bildarchiv Sammer (S. 17) sowie 23 Zeichnungen von Reinhild Hofmann (16), Engelhard (2, S. 58), Kahl (2, S. 49), Kliefoth (S. 47 rechts), Kropf (S. 52) und aus dem Archiv (S. 47 links).

Umschlaggestaltung von Atelier Reichert, Stuttgart, unter Verwendung von 4 Farbaufnahmen von Burda/J. Stork (großes Motiv), Burkhard Kahl (Oranda) und dem Verfasser.

Alle Angaben in diesem Buch sind sorgfältig geprüft und geben den neuesten Wissensstand bei der Veröffentlichung wieder. Da sich das Wissen aber laufend weiterentwickelt und vergrößert, muß jeder Anwender prüfen, ob die Angaben nicht durch neuere Erkenntnisse überholt sind. Dazu muß er zum Beispiel bei Behandlungsvorschlägen den Tierarzt konsultieren, Beipackzettel zu Medikamenten lesen, Gebrauchsanweisungen und Gesetze beachten.

Die Deutsche Bibliothek –
CIP-Einheitsaufnahme

Beck, Peter:
Miniwassergärten : [Teiche für Balkon, Terrasse und Dachgarten ; Anleitung für Bau und Pflege] / Peter Beck. –
Stuttgart : Franckh-Kosmos, 1992
ISBN 3-440-06326-7

Lektorat: Angela Wolf
ISBN 3-440-06326-7
Printed in Germany / Imprimé en Allemagne
Satz: G. Müller, Heilbronn
Herstellung: Huber KG, Dießen

Inhalt

Vorwort

In unserer von Hektik, Streß und einer menschenfeindlichen Wohnwelt geprägten Zeit haben Gartenbesitzer die Möglichkeit, ihr Umfeld freundlicher zu gestalten. Sie können ihren Garten zum eigenen Nutzen, nach individuellem Geschmack oder ganz auf spezielle Bedürfnisse abgestimmt anlegen.
Dabei spielt der Wunsch, sich einen eigenen Wassergarten zu schaffen, eine immer größere Rolle. Diese Art der Gartengestaltung bringt nicht nur viel Freude, sondern nützt – egal, ob als Großanlage oder als Minibiotop – der Natur und unserer Umwelt.
Von einem Wassergarten gehen Ruhe und Beschaulichkeit aus. Außerdem ist er ein auffälliger, schöner Blickfang und ein willkommenes Betätigungsfeld zur Freizeitbeschäftigung.
Dies wird um so verständlicher, wenn man bedenkt, daß es oft schon genügt, mit belebendem Grün und einer *kleinen* Wasserstelle die Wirkung eines Platzes völlig zu verändern. Plötzlich wendet sich alle Aufmerksamkeit diesem neuen Lebensraum zu.
Was aber tut man, wenn zwar der Traum vom üppigen Grün und einem Teich vorhanden ist, aber ein Garten fehlt? Muß man dann als Balkon-, Terrassen-, Dachgarten- oder Atriumbesitzer oder -mieter auf die Erfüllung solcher Wünsche verzichten? Oder kann man es trotzdem – oder gerade des besonderen Reizes wegen – wagen, sich am Bau einer *kleinen* Anlage zu versuchen?
Ich meine, es ist gar nicht so schwer, sich seinen Traum – auch auf engstem Raum – zu erfüllen.
Dieses Büchlein soll anregen und aufzeigen, wie man mit Phantasie und etwas Geschick aus tristen, grauen Plätzen – auch in Innen- oder Hinterhöfen – hübsche grüne Oasen machen kann, die der Erholung dienen.
Tonangebend dabei ist viel Grün, als Farbtupfer kommen bunte Blumen hinzu und als Krönung des Ganzen bewegtes Wasser mit bunten Fischen. Eine üppig wachsende Wandbegrünung rundet das Arrangement ab und kann auch einer unansehnlichen Mauer zu neuem Glanz verhelfen.
Der optische Eindruck läßt sich durch einen leise plätschernden Wasserfall oder einen munter sprudelnden Springbrunnen weiter steigern. Wenn man das Arrangement noch ins richtige Licht taucht, so kann der besondere Zauber, der von unserem Werk ausgeht, noch weit in den Abend hinein wirken.
Es versteht sich von selbst, daß die Konzeption und Gestaltung unseres Miniwassergartens auf Dauerhaftigkeit und einen reibungslosen Betrieb abgestimmt sind.

Die Planung

Die beste Zeit für Bau und Bepflanzung

Bevor Sie sich schon jetzt mit großem Elan und Eifer an den Bau machen, sollten Sie das Büchlein von vorne bis hinten gut durchlesen und dann Ihren individuellen Plan für das gesamte Vorhaben erstellen. Denn je besser alles geplant wird, desto weniger Probleme treten auf, und um so länger können Sie sich am Geschaffenen erfreuen.

Das Frühjahr und der Herbst sind im allgemeinen die richtigen Pflanzzeiten für die meisten Gehölze, Stauden, Blumen und Zwiebelpflanzen.

Für die Planung unseres Miniwassergartens trifft es sich aber gut, daß von Spezialgärtnereien und Fachhändlern Sumpf- und Teichpflanzen in sogenannten Containern herangezogen und angeboten werden.

Der Vorteil dieser Containerpflanzen liegt darin, daß sie, ohne aus dem Wuchsrhythmus gerissen zu werden, und auch ohne Wurzelschäden während der gesamten Vegetationszeit in unsere Anlage gepflanzt werden können. Finden sie bei uns gute Bedingungen vor, so wachsen sie problemlos an, gedeihen gut und erfreuen uns schließlich mit reichem Blütenflor.

Auch aus diesem Grund ist man an keine feste Zeit für die Planung und den Bau gebunden. Ideal ist es, im Winter in Ruhe zu planen, weil man in dieser Jahreszeit zumeist mehr Muße hat, und mit dem Bau dann im Frühjahr zu beginnen, wenn das Wetter es zuläßt.

Es kann von Vorteil sein, wenn man nicht spontan baut, sondern sich Zeit läßt, um am vorgesehenen Platz während einer Zeitspanne von 4 bis 8 Wochen den Sonnenlauf, die Temperatur am Boden und an den Wänden zu messen und aufzuzeichnen. Achten Sie auch darauf, woher der Wind weht und wie stark die Böen sind.

Diese Erkenntnisse ermöglichen es, schon bei der Planung den eventuell nötigen Sonnen- und Windschutz mit zu berücksichtigen. Außerdem erleichtert die Kenntnis solcher Werte die Standortwahl und hilft beim Aussuchen geeigneter Pflanzen.

Die Standortfrage

Im Gegensatz zum Gartenteich läßt sich unser Miniwassergarten fast überall anlegen, ganz gleich, ob Nord-, Süd-, Ost- oder Westlage. Man muß sich nur bei der Auswahl der Pflanzen nach dem vorhandenen Licht richten. Mit den geeigneten Pflanzen lassen sich also überall grüne Akzente setzen.

Um die Wartungs- und Pflegearbeiten reibungslos durchführen zu können, wählt man einen Platz aus, der gut zugänglich ist und vom Sitzplatz – wenn möglich auch durchs Fenster – gut einzusehen ist. Gerade der Blick durchs Fenster vermittelt auch an trüben und

regnerischen Tagen schöne und interessante Eindrücke und Beobachtungen.
Der ideale Standplatz erfüllt diese Kriterien und läßt für 2 bis 3 Stunden volles Sonnenlicht oder Halbschatten zu. Voll besonnte Südlagen können sowohl für das Wasserleben als auch für die Pflanzen problematisch werden. Um zu hohe Wassertemperaturen (über 28 °C wird es kritisch), zu starke Verdunstung und Trockenschäden an den Pflanzen zu vermeiden, muß man an solchen Standorten für Schatten (mit Markisen etc.) sorgen.
Aus Gewichtsgründen sollte unser Miniwassergarten nicht frei in der Mitte eines Balkons stehen, sondern in Wandnähe. Auch ungenutzte Ecken können in unsere Überlegungen mit einbezogen werden.
Nach reiflichen Überlegungen und unter Berücksichtigung der gewonnenen Meßdaten muß der endgültige Standort *vor* der Fertigstellung feststehen, damit man nicht »unverrückbare« Tatsachen an der falschen Stelle schafft.

Form, Gestalt und Größe

Rechteckige, quadratische oder dreieckige Formen bieten sich immer dann an, wenn nur wenig Platz zur Verfügung steht oder dieser geometrisch ist. Auf größeren Flächen wirken nierenförmige, mehreckige oder runde Behälter besser. Der Gesamteindruck einer Anlage – vor allem, wenn viel Platz zur Verfügung steht – läßt sich noch steigern, wenn man weitere, unterschiedlich bepflanzte Behälter harmonisch zuordnet und die »Rückwand« der Anlage mit kontrastlaubigen Klimmern begrünt.
Spielen Sie am vorgesehenen Standort oder auf einer Skizze einige Formen durch, dann fällt die Entscheidung sicher leichter.
Dies gilt auch für die nächste Frage, die da lautet: Wie groß soll man bauen? Hier kann sich Ihre Entscheidung an der Erfahrung orientieren, daß ein Bauwerk, das $\frac{1}{5}$ der zur Verfügung stehenden Fläche ausfüllt, kaum optisch störend wirken wird.
Beachten Sie dabei aber immer, daß die Baumaterialien nicht zu schwer sind und die Statik das Gesamtgewicht der fertig eingerichteten und mit Wasser gefüllten Anlage zuläßt.
Rechnen Sie z. B. bei einem Wasserteil von 60 Litern Inhalt, wenig Dekorationsmaterial und ca. 30 Pflanzen nebst Substrat sowie dem normal dimensionierten Material für die Umbauung, die 1 x 1 m mißt, mit einem Gesamtgewicht von 120 bis 150 kg. Dies entspricht in etwa dem Gewicht von 2 bis 3 Personen. Größere Anlagen wiegen entsprechend mehr.
Ein gepflegter, normal erhaltener Balkon, Atrium oder Dachgarten, der gut gebaut und richtig konstruiert ist, weist meist eine Tragfähigkeit von 200 kg und mehr je m^2 auf. Aber es hängt auch immer mit dem Zustand der Auflagefläche zusammen, mit wieviel Gewicht diese belastet werden kann. Es empfiehlt sich daher aus Sicherheitsgründen, immer den zuständigen Architekten oder Hausherrn nach der zulässigen Belastung zu fragen. Beginnen Sie nicht mit dem Bau, bevor man Ihnen nicht »grünes Licht« gegeben hat.

Rechtliche Fragen

Man sagt, daß es kaum etwas gibt, was andere nicht stören könnte. Trotz dieser bitteren Erfahrung dürfte Ihr geplanter Miniwassergarten kaum auf Ablehnung seitens Ihrer Nachbarn stoßen, zumal Sie sich üblicherweise an die Regeln des sogenannten »Nachbarrechts« – das allerdings von Bundesland zu Bundesland unterschiedlich ist – halten. Wenn Sie Haus- oder Gartenbesitzer sind, kennen Sie sich damit schon aus.
Grundsätzlich dürfen danach von Ihrer Anlage keinerlei »unübliche Störungen oder übermäßige Belästigungen« ausgehen. Dazu zählen z. B. Lärm (es wurden schon Prozesse geführt, weil Frösche zu laut gequakt haben), Schäden durch auslaufendes Wasser oder übler Geruch. Daß es dazu erst gar nicht kommen kann, gewährleisten Sie durch besondere Sorgfalt beim Bau und Betrieb Ihrer Anlage.
Darüber hinaus empfiehlt es sich, den Versicherungsagenten Ihres Vertrauens zu kontaktieren, um sich gegen weitere Eventualitäten abzusichern. Sie sollten vor allem prüfen, ob Ihre Haftpflichtversicherung auch einen (Wasser-)Schaden, der durch den Betrieb Ihres kleinen Wassergartens auftreten könnte, abdeckt.

Baumaterialien

Bedingt durch die meist kleine Fläche, die für unser Vorhaben zur Verfügung steht, und mit Rücksicht auf die Tragfähigkeit der Auflagefläche ist die Auswahl an geeigneten Behältern nicht allzu groß. Aus Gewichtsgründen fällt das reichhaltige Angebot an schweren Steintrögen und gegossenen Betonbecken für unsere Zwecke von vornherein weg.
Wenn viel Platz zur Verfügung steht und die Statik es zuläßt, kann man einen sogenannten **Fertigteich** aus thermoplastischem Kunststoff oder aus glasfaserverstärktem Polyester verwenden. Diese Fertigteiche werden überall im Fachhandel angeboten. Es gibt sie in den unterschiedlichsten Größen ab einem Meter Länge und mit verschiedenen Tiefen. Hauptsächlich werden sie als Gartenteiche angeboten. In einschlägigen Gartenteichbüchern findet man ausführliche Anweisungen, wie man damit umgeht.
Wer sich für einen solchen Fertigteich entscheidet – in Frage kommen Terrassen- oder Atriumbesitzer –, der muß, wie auch beim Einbau in den Boden, für einen guten Stand sorgen. Beim sogenannten »Hochbau« wird die zweckmäßigerweise eckige Teichschale in eine Ummantelung aus Holz gesetzt und der Zwischenraum dann mit Bauschaum – wie er zum Einbau von Türen und Fenstern Verwendung findet – ausgeschäumt. In unserem Fall dient der Schaum dem sicheren Stand und der Isolierung gegen Hitze und Kälte. Außerdem ist das Material sehr leicht. Lassen Sie sich im Fachmarkt bei der Auswahl des Materials beraten.
Unser Augenmerk bei der Suche nach geeigneten Gefäßen gilt kleineren Bekken, die sich problemlos in den geplanten Holzkasten einfügen. Wenn wir uns weiter auf dem Gartenteichmarkt um-

sehen, so stellen wir schnell fest, daß es außer den bereits erwähnten Großteichen auch noch kleinere, ebenfalls industriell gefertigte Schalen gibt, die sich für unsere Zwecke eignen. Vorausgesetzt, unsere Anlage »Marke Eigenbau« darf groß genug werden.
Whisky- und Bierfässer aus Holz gibt es ebenfalls im Handel. Freistehend, mit einigen Wasser- oder Sumpfpflanzen bestückt, oder auch in Kombination mit hübschen Pflanzkübeln fanden sie schon immer ihre Freunde. Leider bekommt man diese Gefäße (auch andere Holzbottiche), wenn überhaupt, dann erst nach längerem Wässern restlos dicht. Ein Tip: Kleiden Sie solch ein Problemgefäß einfach mit einer 0,5 mm starken Gartenteichfolie aus.
Aus dem Haushalts- und Baubereich eignen sich ebenfalls einige Behälter für unsere Zwecke. Dabei spielt die Form eine untergeordnete Rolle. Hauptsache, die Gefäße weisen eine Tiefe von 40 bis 50 cm auf. Darüber hinaus müssen sie auf Dauer dicht sein, sie dürfen nicht brüchig werden und auf keinen Fall Giftstoffe an das Wasser abgeben.
Eine weitere Möglichkeit, zu einem geeigneten Wasserteil zu kommen, besteht darin, ein **Aquarium** zu verwenden. Neben den herkömmlichen Maßen können Sie sich in guten Zoofachgeschäften auch ein Glasbecken nach Ihren Vorstellungen als Sonderanfertigung bestellen. Selbst drei-, sechs- oder achteckige Formen sind oft überraschend preiswert. Ein Aquarium hat den Vorteil, daß man es im Spätherbst zum Überwintern der Fische in die Wohnung bringen kann. Ein sogenanntes »Kaltwasseraquarium« kann einen Wohnraum ungemein schmücken. Außerdem erlebt man drinnen seine Fische aus einem ganz anderen »Blickwinkel«.
Unter den im Handel angebotenen **»Zimmerteichen«** gibt es einige Modelle, die man ohne größere Umbauten auch draußen aufstellen kann. Allerdings sollte das Wasserbecken ca. 40 bis 60 Liter Wasser fassen, wenn man Fische darin pflegen will, und die Pflanzwanne Platz für ca. 30 Pflanzen bieten.
Hat man sich für das richtige Becken entschieden, wählt man alle anderen Materialien aus, die für die geplante Holzkonstruktion nötig sind. Für die Auskleidung und Abdichtung des Holzumbaus nimmt man am besten eine gute **Teichfolie**, wie sie für dauerhafte Gartenteiche verwendet wird. Der Vorteil einer solchen Folie liegt darin, daß sie sehr haltbar und strapazierfähig ist. Außerdem läßt sie sich in jegliche Form problemlos verlegen.
Die Folie braucht nur 0,5 mm dick zu sein, weil sie plan aufliegen kann und kaum größeren Belastungen (Druck oder Zug) ausgesetzt ist. Eine »Markenfolie« sollte es aber trotzdem sein, die folgende Kriterien aufweist: UV- und Temperaturbeständigkeit, Hitze- und Kältefestigkeit, Umweltfreundlichkeit (chemisch einwandfrei) und mit einer Garantie von mindestens 15 Jahren versehen.
Alle anderen Folien (Plastikplanen, Baufolien und ähnliches) sind ungeeignet, da sie die genannten Anforderungen nicht erfüllen. Solche Folien bleiben nicht geschmeidig, werden schnell brüchig und undicht.
Bei der Auswahl der Baumaterialien

sollte man sich für eine gute Qualität, aber auch für natürlich wirkende Elemente entscheiden. Allzu Buntes wirkt schnell kitschig und störend.

Springbrunnen und Wasserfall

Sprudelndes und leise vor sich hin plätscherndes Wasser vermittelt vielen Menschen den Eindruck von erquikkender Frische und Heiterkeit, gepaart mit einem Schuß Romantik. Wo sich Wasser bewegt, atmet die Umwelt auf. Neben der optischen Wirkung vermag ein Springbrunnen oder Wasserfall das Wasser auch mit lebenswichtigem Sauerstoff anzureichern, weil stark bewegtes Wasser mit der sauerstoffhaltigen Luft kräftig durchmischt wird. Außerdem gedeihen in der kühlen und feuchten Springbrunnen- oder Wasserfallumgebung viele Pflanzen (z. B. Farne) hervorragend. Allerdings vertragen Seerosen weder Spritzwasser noch stark bewegtes Wasser.
Für unseren Miniteich gibt es im Fachhandel eine ganze Reihe geeigneter Pumpen, die auch bei Zimmerspringbrunnen Verwendung finden. Achten Sie beim Kauf stets auf die Leistung und den Stromverbrauch. Beides muß in einem akzeptablen Verhältnis stehen. Beim Einbau in das Becken ist darauf zu achten, daß die Springbrunnenfontäne so angebracht wird, daß auch bei starkem Wind das Wasser nicht über den Beckenrand hinausgeweht wird. Sonst entleert sich das Gefäß, und die Pumpe läuft trocken. Es gibt Geräte, die auch noch das Beckenwasser filtern. Lassen Sie sich vom Zoofachhändler eingehend beraten.
Eine weitere Möglichkeit, Wasser in Bewegung zu bringen, besteht darin, mit einer Pumpe Wasser aus dem Becken über einen kleinen Quellstein, der in der Mitte für den Wasserauslauf durchbohrt ist, zu leiten. Außerdem läßt sich auch ein kleiner Wasserfall über dem Wasserbecken installieren. Man verliert dann allerdings etwas Platz und kann weniger Pflanzen einbringen.
Wenn Sie sich für den Kauf einer kleinen Fertigkaskade entscheiden, sollten Sie auf eine möglichst unauffällige Farbe achten und darauf sehen, daß die Seitenwände steil genug sind, um ein »Überlaufen« auszuschließen. Gut geeignete Miniwasserfälle sind überraschend preiswert. Sie kosten nur 50,– bis 80,– DM, je nach Größe und Verarbeitung. Sehr unauffällig wirken Kleinkaskaden, die mit Sand beklebt angeboten werden.
Vor einem Eigenbau (mit Folie usw.) sei an dieser Stelle ausdrücklich gewarnt. Man bekommt die Ufer nur selten ins Lot, d. h. so angeordnet, daß nirgendwo Wasser entweichen kann.
Bei der Fertigkaskade muß man darauf achten, daß der Auslauf so weit über das Becken reicht, daß nichts danebentröpfelt und während des Betriebes kein Wasser über Pflanzenteile (Wurzeln, Moos etc.) durch Kapillarwirkung abläuft.
Im Spätherbst, wenn unsere Anlage auf den Winter vorbereitet wird, nimmt man die Förderpumpe aus dem Wasser, reinigt und wartet sie. Alsdann werden Pumpe und Kaskade bis zum Frühjahr trocken gelagert.

Planungs-Checkliste

Damit man die Bauarbeiten nicht fortwährend unterbrechen muß, um Vergessenes zu besorgen, sollte man vorher alles Nötige bereitstellen.
Den Kauf der Pflanzgefäße kann man bis zum Einrichten verschieben.

Für den Eigenbau eines Rankgerüstes benötigen Sie:

- Gerüstbaumaterial nach Maß.
- Diverse Mauerhaken, um für Standfestigkeit zu sorgen.
- Wählen Sie den Pflanzbehälter für die Klimmer nicht zu klein aus.

Für die Fertigung des massiven Holzkastens braucht man:

- Die genau berechnete Menge *druckimprägnierter* Bretter. (Unbehandeltes Holz ist ungeeignet, weil es leicht fault und aufquillt.) Die Dicke der Bretter richtet sich nach der Länge des geplanten Kastens. Zwei Zentimeter sollten sie aber mindestens dick sein, weil wir großen Wert auf Dauerhaftigkeit legen.
- Zur Verstärkung der inneren Ekken brauchen wir noch quer-halbierte Kanthölzer, die auch das Einlegen der Folie erleichtern.
- Druckimprägnierte Trägerbohlen von mind. 10 x 10 cm, damit ein sicherer Stand der fertigen Anlage gewährleistet ist.
- Evtl. 4 Laufräder oder Rollen (Möbelrollen), die es möglich machen, kleinere Anlagen bis zu einem Gesamtgewicht von 150 kg zu Reinigungs- oder Wartungsarbeiten zu bewegen.
- Styroporplatten oder dünne Rollenware zur Innenisolierung.
- Teichfolie, 0,5 mm stark. Um den genauen Bedarf zu ermitteln, braucht man eine Schnur und ein Metermaß. Dann mißt man im fertigen Kasten von der Kantenoberseite über alle Abstufungen zur gegenüberliegenden Oberkante. Die Schnur muß dabei auf dem Boden und in den Ecken gut anliegen. Für die Randbefestigung gibt man noch ca. 5 cm je Seite zu.
- 4 Abdeckleisten zum Fixieren und Verdecken der Folie (Kantenabschluß).
- Um den Außenseiten des Holzkastens die »Strenge« zu nehmen, kann man mit Zierleisten arbeiten.
- Sollten Sie vorhaben, die Außenwände mit Farbe oder Lasur zu streichen, so empfehlen sich Produkte, die ungiftig und umweltverträglich sind.

Außerdem braucht man:

- Zimmermannswerkzeug
- Metermaß
- Wasserwaage
- Schere
- mehrere Schraubzwingen
- Holzleim
- diverse Holzdübel
- Nirostaschrauben
- Tacker mit Klammern, um die Folie an den Rändern zu fixieren
- Styroporkleber

Der Bau

Wer sich nicht für einen industriell gefertigten »Zimmerteich« oder ein großes Fertigbecken begeistern kann, für den ist es weder unmöglich noch schwierig, sich seinen Wunsch nach einem Miniteich zu erfüllen. Bei einigem Geschick geht es auch im »Do it yourself«-Verfahren.

Nach Plan, in dem sowohl die endgültige Form als auch die genauen Abmessungen festgelegt werden, wird zunächst der massive Holzkasten gezimmert.

Wie immer baut man als erstes den Boden, natürlich auch aus druckimprägnierten Brettern. Dann fertigt man die Seiten an. Beim Zusammenfügen der Bretter ist darauf zu achten, daß diese nicht nur durch Nägel oder Schrauben zusammenhalten werden, sondern auch mit Dübeln und Leim. Die fertige Konstruktion gewinnt dadurch erheblich an Stabilität und Lebensdauer. Zur weiteren Verstärkung bringt man in den inneren Ecken noch die halbierten Kanthölzer an.

Anschließend montiert man unter den fertigen »Rohbau« die vorbereiteten Vierkanthölzer als Beine. Wenn die Konstruktion nicht allzu groß und schwer ist, kann es von Vorteil sein, wenn man unter die Standbohlen noch Laufräder montiert, um die Anlage bei Bedarf zu bewegen.

Die Innenseiten des Behälters muß man sorgfältig glätten, damit keine Holzspäne oder gar Nagelspitzen hervorstehen, die die Folie beschädigen

Aus druckimprägnierten Brettern oder zusammensteckbaren Holzleisten wird eine Holzkiste gebaut, die noch mit einer Bodenplatte und Füßen aus Bohlen versehen wird.

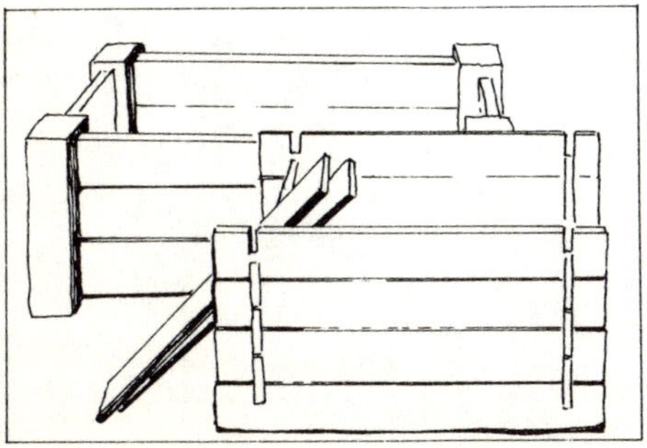

Boden und Innenwände werden zur Wärmeisolierung mit Styroporplatten ausgekleidet.

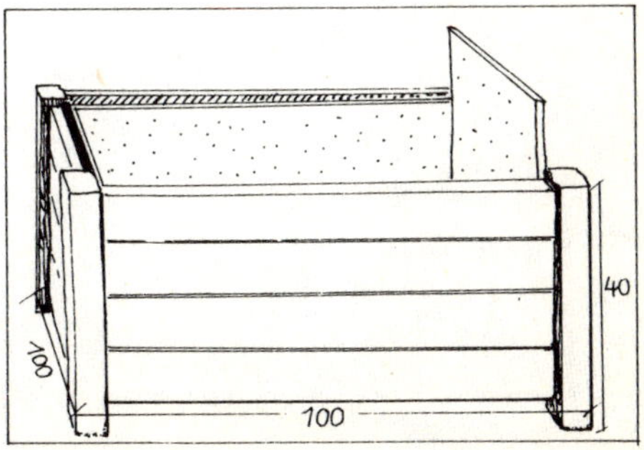

könnten. Zur besseren Isolation gegen Kälte und Hitze klebt man dann die zugeschnittenen Styroporplatten mit einem speziellen Kleber auf Boden und Innenwände der Kiste.
Darauf wird nun die 0,5 mm starke Teichfolie verlegt. Sie soll überall gut anliegen. Da die Folie aus einem Stück ist, entstehen beim Einlegen an den Ecken in jedem Fall Falten, die man am besten nach *innen* umschlägt. Nach einigem Probieren gelingt es Ihnen sicherlich, sie möglichst glatt zu legen. Wenn man die Folie vor dem Verlegen warm lagert, läßt sie sich besser verarbeiten, weil sie durch die Wärme weicher und geschmeidiger wird.
Die oberen Ränder der Folie bleiben zu diesem Zeitpunkt noch ohne Befestigung am Holz. Man fixiert sie vorerst nur mit Schraubzwingen, damit, wenn Spannungen während des Einrichtens auftreten, die Folie nicht zu Schaden kommt. Dann stellt man den Behälter an seinen vorgesehenen Platz. Bitte von der Wand ca. 10 cm Abstand halten (dann kann die Wand kaum feucht werden) und darauf achten, daß gegebenenfalls noch genügend Platz für den Pflanzbehälter und das Spalier der Wandbegrünung bleibt.
Jetzt braucht man nur noch das Wasserbecken an seinen Platz – am besten in die Mitte – zu stellen und kann mit der weiteren Einrichtung und Bepflanzung fortfahren.
Zum Schluß, wenn das Becken und die Pflanzwanne gefüllt sind, kann man die Folie, die nun überall plan und spannungsfrei anliegt, mit dem Tacker mit nichtrostenden Klammern endgültig befestigen.
Anschließend werden noch die überstehenden Folienränder abgeschnitten und mit den Deckleisten der endgültige Abschluß hergestellt. Auch hierzu sollten nichtrostende Nägel oder Schrauben verwendet werden.

Die Pflanzkiste wird möglichst faltenfrei mit Teichfolie ausgelegt. Die Folie wird erst dann am Kistenrand befestigt, wenn das Pflanzsubstrat eingefüllt ist.

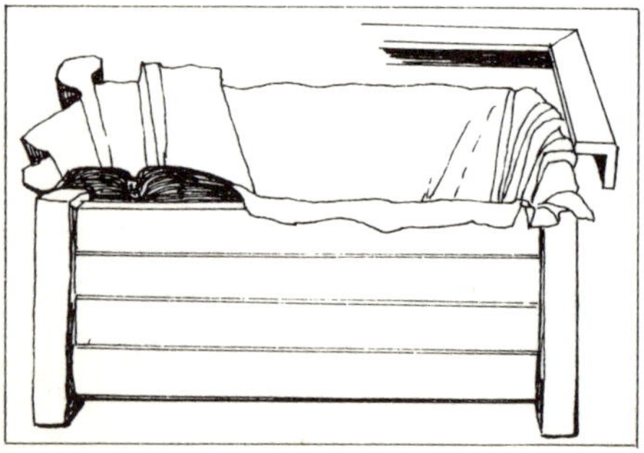

Das Wasserbecken wird in der Mitte plaziert.

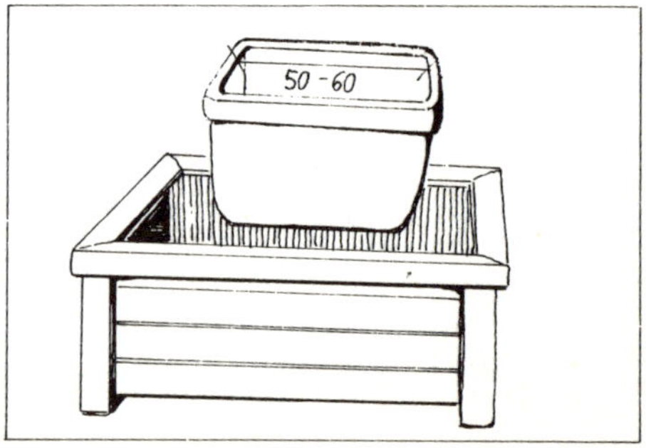

Der Bau

Pflanzenpracht durch gute Bedingungen

Damit unsere Pflanzen wachsen und gedeihen, müssen wir so gut wie möglich auf ihre Bedürfnisse eingehen. Daher heißt es auch einige wichtige Voraussetzungen zu erfüllen, die es erst möglich machen, in unserem Pflanzbecken Gewächse mit unterschiedlichen Feuchtigkeits-Ansprüchen dauerhaft zu pflegen.

Als erstes muß man für eine gute **Drainage** sorgen, damit keine Staunässe entstehen kann, die zum Faulen der Wurzeln führen könnte. Dazu füllt man, je nach Höhe des Holzkastens, eine 5 bis 10 cm hohe Schicht »Blähton« ein. Diese leichten und porösen Tonkugeln kennen Sie sicher aus der Hydrokultur. Zu Drainagezwecken wird des öfteren auch Kies empfohlen. Für unsere Zwekke ist Kies aber viel zu schwer. Wir müssen immer an das Gewicht denken.

Damit kein Erdreich oder Schlamm in die Drainage gelangt und dort fault, legt man auf die Blähtonschicht ein passend zugeschnittenes Stück **Teichvlies.** Dieses Vlies läßt Wasser durchsickern, aber keine festen Materialien. Teichvlies gibt es überall dort, wo man Teichfolien kaufen kann. Fragen Sie nach Resten oder übriggebliebenen Abschnitten, denn solche Stücke kann man sehr preiswert erstehen.

Nun widmen wir unsere ganze Aufmerksamkeit dem **Pflanzsubstrat,** das *um den Wasserbehälter herum* eingefüllt wird. Es dient den Pflanzen als Halt, Nahrungs- und Wasserreservoir. Für unsere Sumpf- bzw. Uferpflanzen verwenden wir fertige Erdmischungen. Säurefliehende Pflanzen setzen wir in die handelsübliche Kakteenerde. Die unterschiedlichen Bedürfnisse an den pH-Wert des Bodengrundes kann man berücksichtigen, wenn man die Pflanzen – je nach Anspruch – in separate

Um den Wasserbehälter herum füllt man einige cm hoch Blähton ein und deckt diese Drainageschicht mit Teichvlies ab.

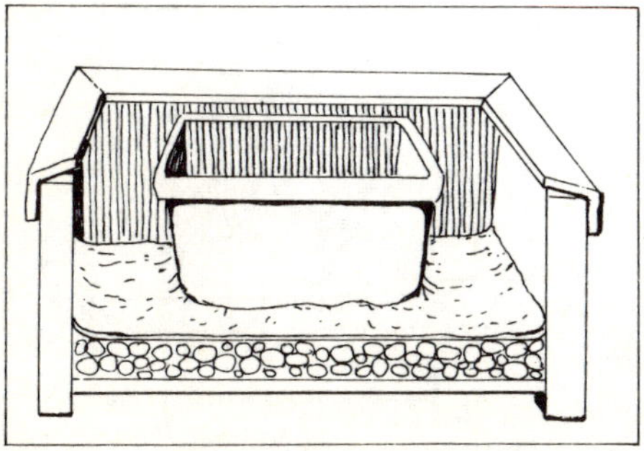

Nun füllt man um das Wassergefäß herum mit Teich- oder Blumenerde auf. Für Pflanzen mit besonderen Ansprüchen verwendet man Pflanzkästen.

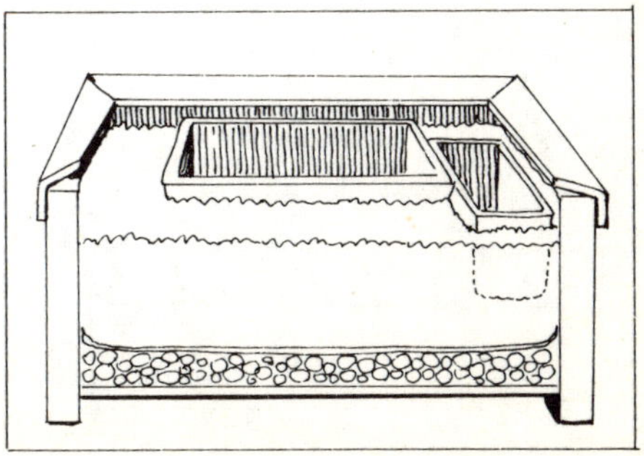

Töpfe oder Pflanzkästen mit dem von ihnen bevorzugten Substrat pflanzt. Welches Substrat das richtige ist, sagt Ihnen jeder Fachverkäufer beim Pflanzenkauf.
Für die **Teichpflanzen** – also die Arten, die wir *im* Wasserbecken pflegen wollen – mischen wir ein möglichst *mageres* Substrat aus Aquarienkies (Körnung 5 mm) und einem sogenannten »Langzeitbodengrunddünger«, wie er von Aquarianern mit Erfolg angewandt wird. Diese Mischung gibt den Pflanzen das, was sie zum Wachsen brauchen, und läßt Algen kaum wachsen.
Eine Ausnahme müssen wir allerdings machen, wenn wir Seerosen pflegen wollen. Sie haben einen hohen Nährstoffbedarf und verlangen, um vor allem reichlich zu blühen, einen nahrhaften Bodengrund. Wir mischen hier zum Aquarienkies die dreifache Menge des Aquariendüngers. Außerdem düngen wir regelmäßig alle vier Wochen mit »Düngekugeln« nach, die man einfach neben den Wurzelstock steckt.

Dekorationsmaterialien für den Uferbereich

Um der fertigen Anlage den letzten Schliff zu geben, benötigen wir noch einige Korkeichenstücke, leichte Steine und dekorative Wurzeln.
Mit den halbierten Korkeichenröhren lassen sich die blank liegenden Ränder von Kunststoff- und Glasbecken gut verdecken, indem man sie nur über die Ränder drückt. Dabei sollte nicht zuviel Korkeiche in das Wasser ragen, da die-

Rechts: Wenn man Holzfässer hübsch bepflanzt, wirken sie in Kombination mit dazu passenden Uferpflanzen besonders dekorativ.

Der Wasserbehälter wird gefüllt. Am schnellsten geht es mit einem Schlauch.

Die Wasserpflanzen werden einzeln in Pflanzkörben eingesetzt. Das erleichtert die Pflege und das Herausnehmen zum Überwintern.

ses Material sehr leicht aufschwimmt. Je kleiner der Röhrendurchmesser ist, um so besser lassen sich die Stücke bearbeiten und verlegen.
Damit die Bepflanzung nicht allzu streng wirkt und um auflockernde Akzente zu setzen, nimmt man bizarr geformte Wurzelstücke. Wurzeln, die natürliche Nischen und Mulden aufweisen, können ausgesprochen hübsch bepflanzt werden.
Leichte Steine, z. B. Tuff oder Lava, lassen sich ebenfalls gut als Dekoration verwenden. Sie helfen mit, den optischen Eindruck unseres Arrangements noch zu steigern. Je ausgefallener und rustikaler diese Materialien wirken, desto besser sind sie für unsere Zwecke geeignet.
Man braucht nicht lange in der Natur zu suchen, denn gut sortierte Zoofachgeschäfte führen stets ein reichhaltiges Sortiment solcher Dekorationsmaterialien für die Aquaristik.

Links: Für einen Miniwassergarten ist Raum auf dem kleinsten Balkon. Unauffällige Eisenmatten aus dem Baufachhandel verhindern, daß kleine Kinder in den Teich hineinfallen können (oben).

Der grüne Hintergrund

Rank- und Kletterpflanzen runden das Bild ab und dienen als Windschutz und Schattenspender. Wir kennen unter der Gruppe der Kletterpflanzen »Selbstklimmer«, die sich mittels Haftwurzeln oder Ranken festhalten und nach oben ziehen. Andere winden und ranken sich an angebotenen »Hilfen« empor.
Man unterscheidet weiter zwischen immergrünen und laubabwerfenden Pflanzen. Daneben gilt es noch zu beachten, daß es einjährige (sie muß man in jedem Frühjahr neu heranziehen oder

Der Rand des Wassergefäßes kann mit schmalen Korkeichenstücken verdeckt und dekoriert werden.

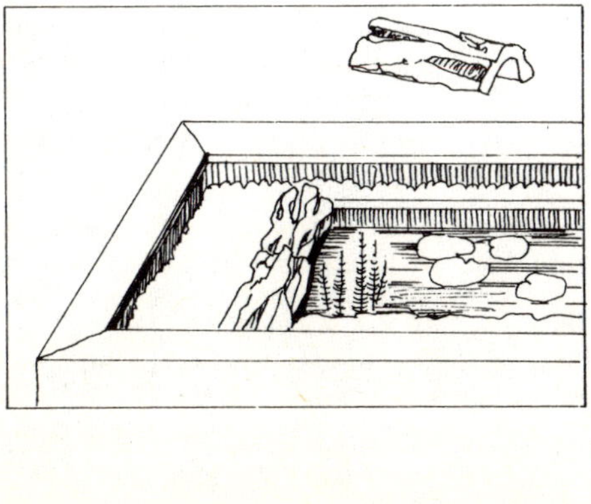

Nun wird der Uferbereich bepflanzt. Größere Pflanzen kommen in den Hintergrund, kleinere nach vorn.

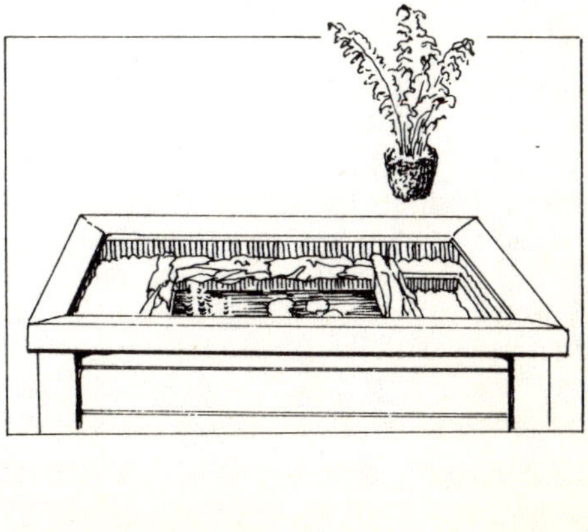

kaufen) und mehrjährige Pflanzen gibt, zu denen z.B. der bekannte Efeu zählt. Vom Efeu (*Hedera helix*) gibt es viele Zuchtformen. Darunter sind einige Arten mit hübsch gefärbten (panaschierten) Blättern. Ebenso wintergrün und für schattige Plätze geeignet ist das Geißblatt (*Lonicera henryi*), dessen frisch-grünes Laub vom Juni bis zum August noch mit kleinen gelbroten Blüten durchsetzt ist. Das Geißblatt liebt humosen, feuchten Boden.

Clematis-Arten, zu denen auch die kleinblütige Waldrebe (*Clematis montana*) gehört, sind winterharte Kletterpflanzen und wüchsige Schlinger. Kräftige Pflanzen bringen alljährlich einen reichen Blütenflor hervor, der, je nach Zuchtform, verschiedenste Blütenfarben zeigt. Nordseitig bis halbschattig gepflanzt, fühlen sich die Waldreben in humosem Boden, der gut wasserdurchlässig ist, am wohlsten.

Sonniger (Ost- oder Westseite) lieben es die relativ anspruchslosen Formen des Wilden Weines (*Parthenocissus tricuspidata*), die zwar nicht wintergrün sind, aber durch ihre prächtige Laubfärbung im Herbst bestechen. Wer diese Pflanzen pflegen will, der sollte viel Platz zur Verfügung haben, denn der Wilde Wein wächst so stark, daß in 2 bis 3 Jahren die üblichen Balkonkästen oder Kübel zu eng werden.

Wer viel Platz zur Verfügung hat und einen Schlinger sucht, der schnell und üppig wächst, dem sei der Knöterich (*Polygonum* bzw. *Fallopia*) empfohlen. Er kommt an nahezu allen Standorten und fast mit jedem Boden zurecht. Der einzige Nachteil ist das kahle Gezweig im Winter, was die Pflanze durch einen rötlichen Austrieb im Frühling und durch weiße Blütenrispen, die vom August bis weit in den September hinein leuchten, wieder wettmacht.

Neben den genannten Kletterpflanzen sind auch noch einige der »Einjährigen« zu erwähnen, die wegen ihrer farbigen Blütenpracht sehr beliebt sind. Für nahezu alle Standorte ist die bekannte Kletter-Kapuzinerkresse (*Tropaeolum*) geeignet. Die Blätter und Blüten sind eßbar, aber etwas scharf. Die roten und gelb-orangefarbenen Blüten erscheinen ab Juni. Nach dem Verblühen für die Aussaat im nächsten Frühjahr Samen abnehmen!

Für sonnige Standorte ist die Duftwicke (*Lathyrus odoratus*) besonders zu empfehlen. Sie erreicht etwa zwei Meter Höhe an unserer Kletterhilfe. Man sollte sie bereits im Februar im Warmen vorziehen und nach den Eisheiligen auspflanzen, damit man schon sehr früh in den Genuß der schönen Blüten kommt, die wunderbar duften. Wenn diese Pflanze anfängt, Samen zu bilden, hört sie auf zu blühen. Verblühtes also sofort abschneiden! Bevor die ersten kalten Nächte erwartet werden, sichert man sich dann die Samen für das nächste Jahr.

Ebenso licht- wie feuchtigkeitsliebend ist die Uferwinde (*Calystegia sepium*). Diese eher schlichte Schönheit erfreut uns mit ihren weißen trichterförmigen

Der Miniwassergarten ist fertig bepflanzt und dekoriert. Im Querschnitt sehen wir die Baumaterialien und ihre Anordnung, hier bei einem sechseckigen Holzgefäß. Ein beranktes Spalier rundet den Gesamteindruck ab.

Bepflanzung

Blüten von Juni bis September. Eine Besonderheit ist bei den Blüten zu beobachten: Sie schließen sich bei trübem Wetter und öffnen sich nicht nur bei Sonne, sondern auch in mondhellen Nächten. Die Pflanze benötigt einen stets feuchten Boden und engstehende Rankhilfen.
Wichtig ist das richtige Gießen! Je sonniger und wärmer der Standort ist, um so häufiger muß Wasser gegeben werden, da das meist üppige Blattwerk bei starker Sonneneinstrahlung extrem viel Feuchtigkeit verdunstet. Unsere mehrjährigen Immergrünen müssen wir auch im Winter regelmäßig gießen, damit sie nicht verdorren. In Extremlagen sollte man auch für Frostschutz durch Tannenreisig oder ähnliches sorgen.

Töpfe und Kästen

Wenn man Pflanzen kauft, so werden diese überwiegend in Plastiktöpfen angeboten. Das gilt für die Unterwasserpflanzen (Seerosen) genauso wie für die Land- und Sumpfpflanzen. Damit sie bei uns dauerhaft weiterwachsen können, müssen wir sie aus den Verkaufscontainern herausnehmen.
Die *Unterwasserpflanzen* werden in durchlöcherte »Seerosenkörbe« umgetopft. In diesen Körben kann das Wasser zirkulieren, und die Wurzeln können ungehindert aus dem Behältnis wachsen.
Die *Uferpflanzen* können wir, soweit gleiche Ansprüche an das Substrat und an die Bodenfeuchtigkeit vorliegen, direkt neben das Wasserteil (ohne Topf) in den Pflanzkasten setzen. Liegen unterschiedliche Ansprüche vor, so empfiehlt es sich, für die Pflanzen, die nicht in das Einheitssubstrat sollen, handelsübliche Balkonkästen zu verwenden.
Der Fachhandel bietet auch Balkonkästen mit integriertem Wasserreservoir an. Diese Kästen eignen sich für Anlagen, die der prallen Sonne ausgesetzt sind. Die Pflanzen lassen sich darin ohne Probleme auch langfristig mit Wasser versorgen (siehe Gießen im Urlaub). Ausgesprochene Sumpfpflanzen, für die im Wasserbecken kein Platz mehr ist, können darin ebenfalls optimal gedeihen.
Eine Einzelpflanzung in Töpfen hat den Vorteil, daß man die Töpfe jederzeit umgruppieren oder herausnehmen kann (z.B. bei Schädlingsbefall), ohne das Wachstum der Pflanzen zu unterbrechen.
Tontöpfe sind allen Plastiktöpfen vorzuziehen, weil sie umweltfreundlich sind (natürliches Material) und durch ihre feinporige Struktur Luft und Wasser zirkulieren lassen.

Die Pflanzdichte

Wie viele Pflanzen man in welchem Abstand setzen soll, richtet sich nach ihrer endgültigen Größe in ausgewachsenem Zustand und nach ihrem Vermehrungsverhalten. Unter den Teichpflanzen gibt es eine ganze Reihe von Arten, die recht mächtig werden und sich auch noch stark vermehren können.
Im Normalfall reicht aber ein durchschnittlicher Pflanzabstand von Pflanze zu Pflanze von ca. 15 bis 20 cm. Verall-

gemeinern kann man dies aber nicht, denn einige Arten wachsen und wirken als Gruppe (Tuff) gesetzt einfach besser. Um möglichst alles bei der Bepflanzung richtig zu machen, gilt es immer wieder die Beratung im Fachgespräch zu suchen.

Umgebung mit einbeziehen

Der Gesamteindruck unserer Miniteichanlage läßt sich noch steigern, wenn man die Umgebung in das Arrangement mit einbezieht, wie es die Bilder auf den Seiten 17 und 18 beweisen.
Man kann weitere Kästen, Schalen und verschieden geartete Behälter um den zentralen Blickpunkt herum gruppieren. Dabei darf natürlich nie die Statik außer acht gelassen werden.
Auch dekorative, schattenspendende Rankgerüste lassen sich jederzeit, auch noch nachträglich, neben und hinter unserer Miniaturteichanlage anbringen.

Die geeigneten Pflanzen

Für unser Wasserbecken eignen sich alle Pflanzen, die vom Fachhandel als »Gartenteichpflanzen« angeboten werden; für den »Uferbereich« neben den üblichen Balkonpflanzen auch noch weitere Arten, die sich für die Bepflanzung von Teichufern und Anschlußarealen bewährt haben.
Die meisten der Teichpflanzen stammen ursprünglich aus ruhigen und relativ warmen Gewässern und deren Uferbereichen. Aus dem kaum mehr überschaubaren Sortiment einheimischer Arten und heimisch gemachter »Exoten« werden in den folgenden Tabellen und Beschreibungen die Arten empfohlen, mit denen schon gute Erfahrungen bei der Pflege vorliegen.
Diese Tabellen können natürlich nicht bindend oder vollständig sein. Sie sollen Ihnen aber dabei helfen, aus der Fülle des Angebotes solche Pflanzen auszuwählen, die an dem bei Ihnen zur Verfügung stehenden Standort die größte Chance haben, gut zu gedeihen.

Pflanzen für die Südseite

Viele Teichpflanzen lieben sonnige Standorte. Je heller und sonniger, um so besser wachsen und um so früher und auch reicher blühen sie.
Um sonnige Standorte, darauf sei hier nochmals hingewiesen, muß man sich aber auch besonders viel kümmern, weil durch die starke Sonneneinstrahlung sehr viel Wasser verdunstet.

In den Tabellen bedeutet:

⌀ Durchmesser	◑ Halbschatten
○ Sonne	● Schatten

Südseite, Wasserbecken

Deutscher und botanischer Name	Größe	Wassertiefe	Stückzahl je 0,5 m^2	Blütezeit	Blütenfarbe	Standort	Bemerkungen
Weiße Seerose *Nymphaea pygmaea* »Alba« (Bild Seite 37 oben)	Blüte ⌀ 4 cm	15–35 cm	1–2	VI–IX	weiß	○	Die kleinste Seerose; für Miniteich ideal. Kann unter Schutzhaube draußen überwintern.
Rosa Seerose *Nymphaea* »Laydekeri Liliacea« (Bild Seite 36 unten)	Blüte ⌀ 8–10 cm	30–40 cm	1–2	VI–VIII	rosa–lilarosa	○ auch ●	Wasseroberfläche sollte ⌀ 80 cm haben. Kann unter Schutzhaube draußen überwintern.
Nymphaea »Laydekeri Fulgens«	Blüte ⌀ 8 cm	20–40 cm	1 je m^2	VI–VIII	leuchtend rot	○	Blütenstiele wachsen über Wasseroberfläche hinaus. Kann unter Schutzhaube draußen überwintern.
Rote Seerose *Nymphaea* »Froebeli«	Blüte ⌀ 10 cm	30–40 cm	1 je m^2	VI–VIII	leuchtend purpurrot	○	Sehr blühwillige Sorte. Blüten ragen etwas aus dem Wasser, sind auch am Abend noch offen. Kann unter Schutzhaube draußen überwintern.
Nymphaea »Mdm. Mce. Laydeker«	Blüte ⌀ 8 cm	20–30 cm	1 je m^2	VI–VIII	dunkelrot	○	Hübsche Zwergform; ideal für den Miniteich. Kann unter Schutzhaube draußen überwintern.
Gelbe Seerose *Nymphaea pygmaea* »Helvola«	Blüte ⌀ 4 cm	10–30 cm	1 je m^2	VI–VII	gelb	○	Kleinwüchsige Sorte. Braucht Winterschutz, möglichst drinnen überwintern.
Seekanne *Nymphoides peltata* (Bild Seite 37 unten)	Blüte ⌀ 5–8 cm	bis 30 cm	1	VI–VII	gelb	○–◑	Seerosenähnlich; wächst üppig, vermehrt sich willig. Kann unter Schutzhaube draußen überwintern.

Tannenwedel *Hippuris vulgaris* (Bild Seite 35 unten)			5	VI–VIII	unscheinbar	○–◑	An Wasserstand anpassungsfähig. Je nährstoffreicher das Wasser, um so wüchsiger. Unterwasserblätter schmal, linealisch. Überwassertriebe nadelartig, bizarr. Starke Vermehrung durch Ausläufer. In Pflanzkorb setzen! Kann draußen überwintern.
Ähriges Tausendblatt *Myriophyllum spicatum*	Unterwasserpflanze	ab 30 cm	20	VI–VIII	rötlich	○	Guter Sauerstoffspender, algenwuchshemmend, wasserreinigend. Kann draußen überwintern.
Pfeilkraut *Sagittaria sagittifolia*	60–80 cm	20–40 cm	2–3	V–VII	weiß	○	Unbedingt nährstoffreich und in Pflanzkorb pflanzen. Unterwasserblätter bandförmig, Luftblätter langstielig, pfeilförmig. Windschutz nötig.
Froschlöffel *Alisma plantago-aquatica*	40–100 cm	5–30 cm	1	VI–VIII	weiß/rosa	○–◑	Hübsche Pflanze, die einzeln stehen sollte. Winterhart.
Wassernuß *Trapa natans*	schwimmende Blattrosette ⌀ ca. 20 cm	ab 40 cm	1	VI–VII	unscheinbar	○	Liebt warmes, kalkarmes Wasser. Nußähnliche Früchte reifen unter Wasser. In der Natur nahezu ausgestorben. Es werden oft Asien-Importe angeboten, die nicht winterhart sind. Beim Kauf danach fragen, im Zweifelsfall drinnen überwintern.

Deutscher und botanischer Name	Größe	Wassertiefe	Stückzahl je 0,5 m^2	Blütezeit	Blütenfarbe	Standort	Bemerkungen
Wasserlebermoos *Riccia fluitans*	5 cm lang, hübsche Polster bildend	Schwimmpflanze	1 Portion			○	Starkwüchsiges, blaßgrünes Schwimmoos, in der Natur fast ausgestorben. Die Aquarienformen müssen drinnen überwintern.
Hornkraut *Ceratophyllum demersum*	lange, oft verzweigte Ranken	schwimmend	1 Portion			○–◑	Guter Sauerstoffspender, wasserreinigend, algenwuchshemmend. Kann draußen überwintern.
Wasserschlauch *Utricularia vulgaris*	lange Ranken	schwimmend	2–3 Stück	VI–VIII	goldgelb, über Wasser	○–◑	Fleischfressende Unterwasserpflanze (Planktonfresser), gedeiht im neutralen bis sauren Wasser am besten. Erst einbringen, wenn das Becken schon reichlich Kleinleben aufweist.
Froschbiß *Hydrocharis morsus-ranae*	5–7 cm	Schwimmpflanze	3–5 Stück	V–VII	weiß	○–◑	Hübsche Schwimmpflanze, die sich auch gut vermehrt. Nicht für Wasser über 10° dGH geeignet.
Kleiner Algenfarn *Azolla caroliniana*	2–3 cm	Schwimmpflanze	1 Portion		die kleinen Blättchen färben sich rot-braun	○	Diesen Schwimmfarn muß man klein halten, sonst kann er schnell die gesamte Wasseroberfläche bedekken. Wird oft mit Seerosen eingeschleppt.
Krebsschere *Stratiotes aloides*	Rosette ⌀ 30–40 cm	schwimmend, sinkt im Spätherbst auf den Beckengrund ab	1	V–VII	weiß	○–◑	Hübsch gezackte Blattrosetten. Vermehrt sich durch Ausläufer. Wasserklärend und algenhemmend. Kann draußen überwintern.

Südseite, Uferbereich

Deutscher und botanischer Name	Größe	Boden	Stückzahl je 0,5 m^2	Blütezeit	Blütenfarbe	Standort	Bemerkungen
Sumpfdotterblume *Caltha palustris*	30 cm	Sumpf	3–5, für Vordergrund	IV–VI	gelb	○–◑	Blüht sehr früh. Es gibt auch gefüllt-blühende Sorten in Gelb und Weiß. Winterhart.
Sumpf-Wolfsmilch *Euphorbia palustris* (Bild Seite 36 oben)	50–100 cm	Sumpf	1–2, für Seiten-bepflanzung	V–VI	grünlich	○	Sehr hübsches (Herbst-) Laub.
Kleiner oder Zwergrohrkolben *Typha minima*	bis 60 cm	Sumpf	3–5, für Seiten oder Hintergrund	V–IX	3–4 cm lange Rohrkolben, braun	○	Für kleine Anlagen ideal. Vor starkem Wind schützen!
Schmalblättriger Rohrkolben *Typha angustifolia*	100–200 cm	Sumpf	3–5, für Hintergrund	VI–IX	15–25 cm lange Rohrkolben, braun	○–◑	Für größere Anlagen geeignet. Vor starkem Wind schützen.
Strauß-Goldfelberich *Lysimachia thyrsiflora*	40 cm	Sumpf	3, für Seiten-bepflanzung	VI–VIII	gelb	○–◑	Vermehrungswillige, hübsche Pflanze. Unbedingt in einen Topf pflanzen!
Wasserminze *Mentha aquatica*	40 cm	Sumpf	5–10, Vordergrund, Seiten-bepflanzung	VII–X	hellviolett	○–◑	Intensiv nach Pfefferminze duftende Pflanze. Man kann die Blätter zur Teezubereitung nutzen.
Ziest *Stachys palustris*	bis 80 cm	Sumpf	5, für Hintergrund	VI–IX	purpur	○	Hübsche Wildpflanze, die sich vielfach bewährt hat.
Zwergbinse *Juncus ensifolius*	bis 30 cm	Sumpf	5, für Vordergrund	VII–IX	Ähren bräunlich	○–◑	Starkwüchsige, rasenbildende Wildpflanze, kann sich durch Ausläufer rasch vermehren.

Deutscher und botanischer Name	Größe	Boden	Stückzahl je 0,5 m^2	Blütezeit	Blütenfarbe	Standort	Bemerkungen
Blaubinse *Juncus inflexus (glaucus)*	bis 60 cm	Sumpf	2–3, für Hintergrund	VII–VIII	Ähren bräunlich	○–◑	Sehr schöne, blaugrüne Pflanze. Winterhart.
Wiesenschaumkraut *Cardamine pratensis*	bis 30 cm	Brauchen dauerfeuchten Sumpf. Können im Pflanzkörbchen über den Kübelrand im Wasserbecken hängen. Für den Vordergrund.	2–3	IV–V	weiß bis blaßlila	○–◑	Frühblühende Wildpflanze. Winterhart.
Sumpfvergißmeinnicht *Myosotis palustris*	30–50 cm		5	V–IX	blau	○–◑	Problemlose Wildpflanze; gedeiht am besten im weichen, leicht sauren Wasser (pH höchstens bis 7,2).
Zypersegge Schein-Zypergras *Carex pseudocyperus*	bis 80 cm	Dauerfeuchter Sumpf. Solitärpflanze für die Mitte, vor Wurzeln etc.	1	VI–VII	bräunlich	○–◑	Hübscher Blickfang mit überhängenden Blütenrispen.
Gauklerblume *Mimulus luteus*	30 cm	Alle brauchen gut durchfeuchteten Boden. Für den Vorder- und Mittelgrund.	alle 3–5	V–X	goldgelb	alle ○–◑	Beide vollkommen winterharte Dauerblüher, die sich gut vermehren.
Gauklerblume *Mimulus ringens*	60 cm			V–X	blauviolette Rachenblüten		
Gauklerblume *Mimulus* Hybride »Roter Kaiser«	20 cm			VI–VIII	leuchtend rot		Beide erhalten sich durch Selbstaussaat. Am besten Samen zurückhalten.
Gauklerblume *Mimulus* »Tigrinus Grandiflorus«	20 cm			VI–VIII	gelbe Trompetenblüten		

Bepflanzung

Wer über einen lichtreichen Südbalkon verfügt, der kann auch noch eine ganze Reihe exotischer »Sonnenkinder« pflegen (Tabelle unten). Diese Pflanzen werden immer wieder als »Gartenteichpflanzen« angeboten und auch gekauft, obwohl sie nicht winterhart sind und schon vom ersten Frost dahingerafft werden. Sie können mit den Fischen zusammen in einem Zimmerteich im Wohnbereich oder in einem Wintergarten die kalte Jahreszeit überdauern, vorausgesetzt, daß man warmes Wasser und starkes Kunstlicht anbietet (siehe im Kapitel »Licht«, Seite 61).

Wenn Sie mehr über diese Pflanzen wissen wollen, so empfehle ich ein gutes Wasserpflanzenbuch aus der Aquaristik.

Pflanzen für die West- und Ostseite

Fast alle Teichpflanzen lassen sich an halbschattigen Standorten kultivieren, weil ein großer Teil dieser Pflanzen auch am natürlichen Standort im Wechsel von Licht und Schatten lebt. Auch bei der Pflege in Teichen können sie sich

Tropische Wasserpflanzen für den sonnigen Miniteich

Deutscher Name	Botanischer Name	Bemerkungen
Eidechsenschwanz	*Saururus cernuus*	Als Vordergrundpflanze.
Kardinalslobelie	*Lobelia cardinalis*	Zur Mittelgrund-Seitenbepflanzung.
Wasserwegerich	*Echinodorus cordifolius*	Für das Wasserbecken im Pfl.-Korb.
Zwergkalmus	*Acorus gramineus*	Rasenartige Vordergrundpflanze.
Zwergpapyrus	*Cyperus haspan*	Beide für den Seiten- oder Hintergrund ($^2/_3$ der Pflanze müssen aus dem Wasser ragen).
Zyperngras	*Cyperus alternifolius*	
Seerosen	*Nymphaea x daubeniana* (div. trop. Hybriden)	Aquarienformen.
Wassermohn	*Hydrocleys nymphoides*	Beliebte Blütenpflanze.
Duftwasserähre	*Aponogeton dystachios*	Duftende Blüten.
Muschelblume	*Pistia stratiotes*	Sehr vermehrungsfreudig.
Wasserhyazinthe	*Eichhornia crassipes*	Reizt immer wieder zum Kauf, obwohl sie eine reine Tropenpflanze ist.
Schwimmfarn	*Salvinia natans*	Ein echtes Tropenkind, das nur bei bestem Licht gedeiht.
Goldkeule	*Orontium aquaticum*	Hübsche Pflanze mit auffälliger goldgelber Blüte. Vordergrund.

erfahrungsgemäß an die unterschiedlichen Lichtverhältnisse anpassen.
Für das west- oder ostseitig gelegene Wasserbecken eignen sich also alle Wasserpflanzen und Seerosen, die auch südseitig wachsen. Bei zunehmendem Schatten sind sie allerdings etwas weniger blühfreudig.
Geeignete Pflanzen zur Uferbegrünung finden Sie in der nebenstehenden Tabelle. Wenn nichts anderes angemerkt ist, benötigen diese Pflanzen einen halbschattigen bis sonnigen Standort.

Pflanzen für die Nordseite

Tiefschattige Nordlagen werden im allgemeinen als problematisch angesehen. Vieles gedeiht dort nicht, weil es zu dunkel und zu kühl ist. Dies trifft aber nur bedingt zu, denn es gibt auch eine ganze Anzahl von Pflanzen, denen solche Bedingungen zusagen, oder solche, die auch mit wenig Sonne, welche am Morgen oder am Abend einfällt, auskommen.
Auch mit den sogenannten »Schattenstauden« kann man hübsche Blickpunkte schaffen, weil es unter ihnen viele Arten gibt, die durch satte Grüntöne und prächtig geformte Blätter wirken (Tabellen S. 34 und 39).
Für die Randbepflanzung schattiger Standorte eignen sich noch weitere Pflanzen, die man im engeren Sinne eigentlich nicht zu den Teich- oder Sumpfpflanzen zählt. Sie wachsen am besten in einem humosen, leicht feuchten Boden (Tabelle S. 40 oben).
Farne gedeihen in Wassernähe sehr gut; einige Arten sind für uns geeignet (Tabelle S. 40 unten).

West-/Ost-Seite, Uferbereich

Deutscher und botanischer Name	**Größe**	**Boden und Plazierung**	**Stückzahl je 0,5 m²**	**Blütezeit**	**Blütenfarbe**	**Bemerkungen**
Sumpfstorchschnabel *Geranium palustre*	50 cm	Feuchter Boden; für Seiten und Hintergrund.	1	VI–IX	rotviolett	Herrliche Blütenpflanze, die schöne Polster bildet.
Japan. Sumpfschwertlilie *Iris kaempferi*	80–100 cm	Feuchter Boden; kalkarm (evtl. etwas Torf beimischen). Für Hintergrund.	2–3	VI–VII	Viele Sorten mit verschiedenfarbigen Blüten.	Diese alten japanischen Gartenpflanzen passen gut in unser Arrangement. Je mehr Sonne, desto besser blühen sie.
Sibirische Schwertlilie *Iris sibirica*	bis 90 cm	Feuchter, alkalisch reagierender Boden. Im Topf pflanzen. Für Hintergrund.	1–2	V–VII	blau	Herrliche Wildpflanze, die dichte Horste bildet.

Pfennigkraut, Gilbweiderich *Lysimachia nummularia*	am Boden kriechende Ranken	Feuchter Boden; für Vordergrund.	5–10	VI–VIII	gelb	Herrlicher Bodendecker, der stark wuchern kann. Sehr empfehlenswert.
Rundblättrige Minze *Mentha suaveolens (rotundifolia)*	30–60 cm	Feuchter Boden; für Seiten und Hintergrund.	5	VII–IX	hellila	Duftpflanze, gute Bienenweide.
Hechtkraut *Pontederia cordata* (Bild Seite 35 oben links)	bis 40 cm	Feuchter Sumpf.	3	VII–VIII	hellblau	Saftiggrüne Blätter, schöne Blütenähren. Kann auch im Pflanzkorb im Wasser stehen. Winterschutz nötig.
Kalmus *Acorus calamus*	80–100 cm	Sumpf; für Hintergrund.	2	VI–VII	grünlich-gelb	Alte Heilpflanze, sehr wuchsfreudig.
Kalmus *Acorus calamus* »Variegatus«	80 cm	Sumpf; für Hintergrund.	2	VI–VII	grünlich-gelb	Diese Zuchtform ist wegen der hübschen weiß-grünen Blattstreifung sehr beliebt. Braucht Winterschutz.
Bachbunge *Veronica beccabunga*	30 cm	Sumpf; für Seiten und Vordergrund.	5	V–VIII	blau	Hübsche kriechende Uferpflanze.
Blumenbinse *Butomus umbellatus*	100 cm	Sumpf; für Hintergrund.	2–3	VI–VIII	rötlich-weiß	Attraktive Blüten. Die Pflanze braucht Windschutz, damit die Blüten nicht abknicken.
Aufrechter Igelkolben *Sparganium erectum*	50–80 cm	Sumpf; für Hintergrund.	1–2	VI–IX	gelblich-weiß (igelförmiger Fruchtstand)	Attraktive Art, die durch ihren Fruchtstand auffällt.
Bachnelkenwurz *Geum rivale*	30–50 cm	Leicht feuchter Boden; für Vordergrund oder Seiten.	2	V–VI	rötlich	Sehr empfehlenswert, wirkt durch sattgrünes Laub und kleine Samenkapseln.
Sumpfblutauge *Comarum palustre (Potentilla palustris)*	bis 50 cm	Sumpf; für Seitenbepflanzung.	2	VI–VII	dunkelrot	Hübsche Uferpflanze mit kleinen Blüten.

Deutscher und botanischer Name	Größe	Boden und Plazierung	Stückzahl je 0,5 m^2	Blütezeit	Blütenfarbe	Bemerkungen
Blutweiderich *Lythrum salicaria*	50–120 cm	Feuchter Boden; für Hintergrund.	1–2	VII–IX	violettrot	Üppig wachsende Art. Im Herbst zurückschneiden.
Kleiner Baldrian *Valeriana dioica*	10–30 cm	Feuchter Boden; für Vordergrund und Seiten.	2–3	V–VII	rosa bis fleischrot	Bereicherung für kleine Anlagen. Wird leider zu selten angeboten. Gute Bienenweide.
Gemeiner Dost *Eupatorium cannabinum*	70–150 cm	Feuchter Boden; für Hintergrund.	1–2	VII–VIII	weiß bis leicht rötlich	Wertvolle Insektenweide.
Kleines Mädesüß *Filipendula vulgaris*	bis 60 cm	Feuchter Boden; für Seiten.	2–3	VI–VII	gelblich-weiß	Hübsche Pflanze, die leider zu selten angeboten wird.
Sumpfjohanniskraut *Hypericum tetrapterum*	40 cm	Feuchter Boden; für Seiten.	2–3	VI–VIII	gelb	Liebt volle Sonne, gedeiht aber auch im Halbschatten. Hübsche Pflanze mit auffälliger Blütenkrone.
Kuckuckslichtnelke *Lychnis flos-cuculi*	30–60 cm	Feucht-sumpfig; Seitenbepflanzung.	5	VI–VII	fleischrot	Ausdauernd blühende Pflanze, Insektenweide.
Schachblume *Frittillaria meleagris*	bis 40 cm	Feuchter Boden; für Vordergrund.	5	IV–V	weiß bis purpur	Attraktive, schon sehr früh blühende Uferpflanze.
Kriechender Günsel *Ajuga reptans*	bis 10 cm	Feuchter bis leicht trockener Boden; für Vordergrund.	3	IV–V	blau	Üppig wachsender Bodendecker.
Trollblume *Trollius europaeus*	bis 50 cm	Feuchter Boden; für Seiten und Hintergrund.	3	IV–VI	gelb	Hübsche Wildpflanze, auch gefüllte Zuchtformen.
Beinwell *Symphytum officinale*	50–100 cm	Feuchter Boden; für Hintergrund.	1	V–VII	violett	Üppige Pflanze, die mächtige Horste bilden kann. Im Herbst zurückschneiden.

Binse *Juncus compressus*	30 cm	Feuchter Boden; für Seiten.	1–2	VI–VII	bräunlich	Hübsche Wildpflanze, deren Blütenstände die schmalen Blätter überragen.
Fieberklee *Menyanthes trifoliata*	30 cm	Feuchter Boden; Vordergrund.	1–2	V–VI	weiß/rosa	Alte Heilpflanze, die gut gedeiht, wenn man sie ins Wasser hineinwachsen läßt.
Scheincalla *Lysichiton americanus*	60–80 cm	Feuchter Boden; Seiten und Hintergrund.	1–2	IV–V	gelb	Zungenförmige, bläuliche Blätter, die erst nach der Blüte zur vollen Größe heranwachsen. Winterschutz nötig.
Sumpfcalla *Calla palustris*	20 cm	Sumpf; Vordergrund.	1–2	VI–VII	weiß	Braucht kalkfreien, dauerfeuchten Boden. Wildpflanze mit sehr auffälligen roten Früchten.
Wiesenknöterich *Polygonum affine* »Superbum«	bis 25 cm	Feuchter Boden; Vordergrund.	3–5	VI–X	rosa-rot	Gut wachsende und ausdauernd blühende Uferpflanze. Kann sich stark vermehren.
Goldfelberich *Lysimachia punctata*	bis 100 cm	Feuchter Boden; für Hintergrund.	2–3	VI–VIII	gelb	Lang blühende Pflanze, die aber stark wuchern kann.
Glockenblume *Campanula ssp.*	bis 60 cm	Leicht feuchter Boden; für Seiten und Hintergrund.	3–5 je Sorte	VI–IX	blaue und weiße Sorten	Hübsche Sorten, die auch am Teichrand gut gedeihen.
Hängesegge *Carex pendula* (Bild Seite 35 oben rechts)	60–90 cm	Leicht feuchter Boden; Hintergrund.	1 Solitär	V–VII	hübsche Rispen	Eine Bereicherung für jede Anlage. Halbschatten – Vollschatten.
Waldhainsimse *Luzula sylvatica*	20–40 cm	Leicht feuchter Boden; Vordergrund.	1 Solitär	VI–VII	Rispen	Ein Gras mit glänzend-grünen Blättern, die wintergrün sind. Halbschatten – Vollschatten.
Rehbraune Segge *Carex buchanani*	bis 50 cm	Leicht feuchter Boden; Vordergrund.	1 Solitär	VII	Rispen	Schöne, auffallend rotbraune Segge.

Bepflanzung

Nordseite, Wasserbecken

Deutscher und botanischer Name	**Bemerkungen**
Rosa Seerose *Nymphaea* »Laydekeri Liliacea«	Blüten ∅ 5–8 cm, Wassertiefe 20–40 cm. Eine kleine Seerose, die mit etwas Morgen- oder Abendsonne zufrieden ist. Vor dem Einsetzen sollte man das Wasser auf ca. 25 °C anwärmen. Im Herbst muß man sie zum Überwintern nach drinnen nehmen.
Rosa Seerose *Nymphaea* »Marliacea Rosea«	Blüten ∅ 8–10 cm, Wassertiefe 40–60 cm. Kugelblüte weiß-rosa. Kommt auch mit wenig Sonne zurecht. Braucht eine Wasseroberfläche von mindestens 80 cm ∅.
Teichrose *Nuphar japonica*	Blüten ∅ 4–5 cm, Wassertiefe 20–40 cm. Blüten hellgelb. Pflanze wirkt besonders hübsch durch ihre salatblattähnlichen und pfeilförmigen Unterwasserblätter. Drinnen überwintern.
Wasserfeder *Hottonia palustris*	Im Substrat wurzelnde Unterwasserpflanze mit hübschen, gefiederten Blattquirlen. Kann ihre zartrosa Blüten über die Wasseroberfläche strecken. Liebt weiches, leicht saures Wasser (bis pH 6,8), deshalb nicht überall geeignet.
Wasserpest *Elodea canadensis*	Sehr gut wüchsig und ein hervorragender Sauerstoffspender. Wächst nahezu überall.

Rechte Seite:
Das Hechtkraut (*Pontederia cordata*, oben links) läßt sich sowohl in den Wasserteil als auch in einen Sumpfbehälter pflanzen. Die Hängesegge (*Carex pendula*, oben rechts) eignet sich als Seiten- und Hintergrundbepflanzung. Ganz bizarr sieht der Tannenwedel (*Hippuris vulgaris*, unten) aus.

Seite 36/37:
Die Sumpfwolfsmilch (*Euphorbia palustris*, links oben) wirkt durch ihre Buntlaubigkeit, die Rosa Seerose (*Nymphaea* Hybride, links unten) durch ihre prächtige Blüte. Für kleine Becken eignen sich die Zwergseerose (*Nymphaea pygmaea* »Alba«, rechts oben) und die seerosenähnliche Seekanne (*Nymphoides peltata*, rechts unten).

Seite 38:
Richtig angeordnet, am besten von vorne nach hinten aufsteigend, wirken die Pflanzengruppen am besten. Ideal als Wandbegrünung sind die vielfarbigen Clematis-Arten (links oben). Gelbe, blaue und weiße Iris ergeben in der Kombination mit Farn und Frauenmantel ein hübsches Arrangement (rechts unten).

Nordseite, Uferbereich

Deutscher und botanischer Name	Größe	Boden und Plazierung	Stückzahl je 0,5 m^2	Blütezeit	Blütenfarbe	Standort	Bemerkungen
Wasserschwertlilie *Iris pseudacorus*	bis 100 cm	Sumpf; kann auch im Pflanzkorb im Becken gepflegt werden. Hintergrund-pflanze.	2	V–VII	gelb	Kann bei allen Licht-verhältnissen wachsen.	Sollte an keinem feuchten Standort fehlen. Ideal für unsere Zwecke.
Pestwurz *Petasites albus*	30–60 cm	Feucht; für Seiten.	1–2	III–V	weiß	●–◑	Früh blühende Art, die nach der Blüte durch ihre herz-förmigen Blätter wirkt.
Frauenmantel *Alchemilla mollis*	30 cm	Feucht; für Seite und Hintergrund.	1	VI	gelb	Ist an alle Standorte zu gewöhnen.	Alte Heilpflanze, sehr gut wüchsig und ausdauernd.
Lungenkraut *Pulmonaria ssp.*	20–40 cm	Feucht; für Seiten.	3	III–IV	rot/ blauviolett	●–◑	Früh blühende Pflanze mit hübschen Blättern.
Primel *Primula* verschiedene Sorten	10–60 cm	Feucht; für Vordergrund.	3–5	je nach Sorte III–VII	vielfarbig	●–◑	Die beliebten Primeln gedei-hen auch am Miniteich.

Unter den angebotenen Primel-Sorten gibt es eine ganze Reihe von Pflanzen, die ideal in unsere Anlage passen. Sie blühen sehr früh im Jahr, wirken durch ihr hübsches Laub und sind pflegeleicht. Zu den bekannten Primeln gehören auch die Schlüsselblume, die Etagenprimel und die wunderschöne Orchideenprimel. Beim Primelkauf empfiehlt es sich, den fachlichen Rat des Gärtners einzuholen, damit man für den gegebenen Standort die richtige Sorte auswählt.

Nordseite, Sumpfpflanzen für den Uferbereich

Deutscher Name	**Botanischer Name**	**Größe**	**Plazierung**
Haselwurz	*Asarum europaeum*	10 cm	Vordergrund
Prachtspiere	*Astilbe* in Sorten	bis 80 cm	Seiten und Hintergrund
Waldglockenblume	*Campanula ssp.*	bis 60 cm	Seiten und Hintergrund
Waldschmiele	*Deschampsia cespitosa*	bis 80 cm	Seiten und Hintergrund
Greiskraut	*Ligularia ssp.*	bis 100 cm	Hintergrund
Riesensteinbrech	*Bergenia* in Sorten	bis 50 cm	Vordergrund und Seiten
Segge	*Carex pendula*	bis 90 cm	Hintergrund
Tränendes Herz	*Dicentra ssp.*	30–70 cm	Seiten und Hintergrund
Funkien	*Hosta* in Sorten	30–70 cm	Seiten und Hintergrund

Nordseite, Farne für den Uferbereich

Deutscher Name	**Botanischer Name**	**Größe**	**Bemerkungen**
Sumpffarn	*Thelypteris palustris*	50 cm	ausläufertreibend; Hintergrund
Frauenfarn	*Athyrium filix femina*	80 cm	Hintergrund
Rippenfarn	*Blechnum spicant*	30 cm	kalkfreier Boden! Hintergrund
Goldschuppenfarn	*Dryopteris affinis*	80 cm	Hintergrund
Straußfarn	*Matteuccia struthiopteris*	80 cm	Hintergrund
Perlfarn	*Onoclea sensibilis*	40 cm	ausläufertreibend; Seiten

Wo es Pflanzen gibt

Das Interesse an Gartenteichen hat in den letzten Jahren stetig zugenommen. Diesem Trend folgend, haben sich immer mehr Spezialgärtnereien dazu entschlossen, auch solche Pflanzen nachzuziehen und zu vermehren, die an ihren natürlichen Standorten in und an Gewässern wachsen. Dadurch wurde der Fachhandel in die Lage versetzt, eine reiche Palette einheimischer Sumpf- und Teichpflanzen anzubieten. Alle diese nachgezüchteten Pflanzen wachsen gut an und sind zudem noch sehr preiswert. Die meisten sind mit Pflegeanleitungen ausgestattet.
Die Chance, daß die angebotenen Arten auch in unserem Miniwassergarten gut gedeihen, ist weitaus größer, als wenn man Wildpflanzen zur falschen Zeit und unsachgemäß sammeln würde. Es ist mit Sicherheit der schlechteste Weg, sich seine floristischen Wünsche durch »Raubsammeln« mit dem Spaten zu erfüllen, zumal die meisten der in Frage kommenden Wildpflanzen unter strengem Schutz stehen.

Pflanzenkauf

Eine Möglichkeit, günstig an Pflanzen zu kommen, besteht darin, sich im Freundes- und Bekanntenkreis bei Garteichbesitzern umzuhören. Denn im Frühjahr, wenn zu üppig gewachsene Pflanzenbestände ausgelichtet werden müssen, steht man immer wieder vor der Frage: Wohin mit dem überzähligen Grün?

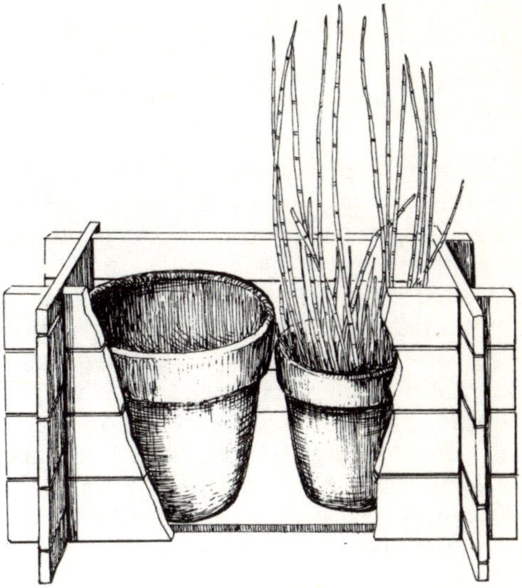

Solch ein »Teich« ist schnell gebaut: Holzbretter verkleiden mehrere Pflanzgefäße, die teils mit Erde, teils mit Wasser gefüllt und entsprechend bepflanzt werden.

Was ist beim Pflanzenkauf zu beachten?

Um sich beim Pflanzenkauf vor Schaden zu bewahren, sollte man einige Kriterien beachten:

- Die Triebe der Pflanzen müssen gut entwickelt sein. Keine Bange, wenn im Frühjahr die Pflanzen noch klein sind – sie wachsen!
- Das vorhandene Blattwerk darf nicht welk oder vergilbt wirken.
- Außerdem müssen die Blätter frisch grün aussehen, nie gelblich.
- Gras oder andere Wildkräuter und deren Keimlinge haben in unseren Töpfen nichts zu suchen.
- Wenn Ungeziefer (Blattläuse usw.) die Pflanzen befallen hat, so sollten Sie auf den Kauf verzichten.

Nur gesunde Pflanzen mit einwandfreien Blättern, Wurzeln, Wurzelstökken, Sprossen und Wurzelballen sowie einwandfreie Zwiebeln werden problemlos weiterwachsen.
Ein besonderes Augenmerk muß man auf die Wurzelstöcke (Rhizome) der Seerosen richten. So darf weder das Substrat noch der Wurzelstock stark nach faulen Eiern riechen.

Hat man einmal Pech gehabt und stellt erst nach dem Kauf fest, daß der Wurzelstock fault, so kann man die Pflanze retten, wenn die Fäulnis noch ca. 30 % des Rhizomes verschont hat. Zuerst die verfaulte Masse mit einem scharfen Messer vom gesunden Gewebe abtrennen, dann die Schnittstelle in etwas Holzkohle tauchen (man kann dazu Aquarienfilterkohle verwenden) und diese gut antrocknen lassen. Wenn die bestäubte Fläche an der Luft gut abgetrocknet ist, kann man die Seerose wieder in den vorbereiteten Korb setzen. Man setzt sie dabei so tief und möglichst schräg, daß der Austrieb ohne Substrat bleibt.

Die Pflanzenpflege

Ohne ein gewisses Maß an Pflege kommt unser Miniwassergarten nicht aus, auch wenn man bei der Anlage nichts falsch gemacht hat.
Unsere Pfleglinge, die Fische und Pflanzen, sind zwar recht anpassungsfähig und ausdauernd, aber grobe Pflegefehler nehmen sie doch übel. Um sicherzugehen, daß alles auf Dauer gut gedeiht, sollte man täglich nach dem Rechten sehen. Dann kann man eventuell auftretende Probleme so rechtzeitig erkennen, daß die entsprechenden Maßnahmen sofort greifen.

Richtig gießen

Zuerst etwas Grundsätzliches: Frisches, kaltes Leitungswasser sollte man niemals verwenden, da der Temperaturschock für die Pflanzen zu groß ist. Das Wasser kommt mit ca. 8–10 °C aus der Leitung, und die Umgebungs-Substrattemperatur liegt, je nach Sonneneinstrahlung, meistens viel höher. Auf einen Temperaturschock reagieren Pflanzen mit Wachstumsstillstand. Außerdem muß man den unterschiedlichen Wasserbedarf seiner Pflanzen berücksichtigen.
Bei den empfohlenen Teich- und Uferpflanzen sei angemerkt, daß sie in stets gut durchfeuchtetem Substrat am besten gedeihen. Dauerfeuchte Böden neigen aber gerne zur Fäulnisbildung. Aus diesem Grund prüft man von Zeit zu Zeit das Pflanzsubstrat. Das Erdreich sollte nie nach faulen Eiern oder Schwefel riechen.
Sollte man einmal solchen Geruch wahrnehmen, so genügt es meist, wenn man die faulenden Bereiche gegen frisches Substrat austauscht.
Ein sicheres Zeichen, daß die Pflanzen Wasser brauchen, ist, wenn die Blätter und Stengel schlaff und glanzlos wirken. Solange die Sonne scheint darf man aber, auch wenn die Pflanzen nach Wasser dürsten, den nötigen Guß nie über die Blätter geben. Wassertropfen können wie ein Brennglas wirken und die Blätter schädigen. Man begießt den Wurzelbereich mit gut abgestandenem, lauwarmem Wasser.
Ist man sich nicht ganz sicher, ob man gießen soll, kann man die Fingerprobe machen: Man steckt einen Finger in das Pflanzsubstrat und achtet beim Herausziehen darauf, ob einzelne Krümel daran haften bleiben. Wenn nichts dran haftet, wird ebenfalls gegossen.
Wenn der Wind stark weht, verdunsten die Pflanzen mehr Wasser; je größer die Blätter, um so mehr wird verdunstet, und um so mehr Wasser benötigen die Pflanzen. Einzeln in kleinen Töpfen stehende Pfleglinge brauchen ebenfalls mehr Wasser.
Gegossen wird also regelmäßig. Am besten morgens oder abends, wenn die Sonne nicht mehr auf die Pflanzen brennt. Bei Südlagen empfiehlt es sich, zweimal täglich zu gießen. An beson-

ders heißen Tagen sind Grünpflanzen auch dankbar, wenn man sie am Abend noch einmal lauwarm abbraust. Am besten mit abgestandenem, möglichst weichem Wasser. Aber nie in geöffnete Blüten sprühen!
Sehr kalkhaltiges, also hartes Leitungswasser (über 15° dGH) sollte man mit ca. 50% Regenwasser vermischen, das wegen der Luftverschmutzung aber erst nach längeren Regengüssen aufgefangen werden sollte.
Ansonsten haben Sie auch die Möglichkeit, Ihr hartes Leitungswasser mit einem Ionenaustauscher zu enthärten. Geeignete Geräte kann man im Zoofachhandel erwerben. Empfehlenswert sind auch sogenannte Umkehrosmose-Anlagen, die man gut für die Haushaltsbrauchwasser-Enthärtung einsetzen kann. Bei großem Bedarf lohnt sich die Anschaffung auch.
Leider werden noch sehr viele Zimmer- und Balkonpflanzen mit zu hartem Gießwasser zu Tode gegossen. Kalkflecken auf Blättern und Gefäßen sind das erste Warnsignal.
Ganz hervorragend eignet sich zum Blumengießen das Wasser, welches wir beim regelmäßigen Wasserwechsel aus unserem Miniteich entnehmen. Es hat immer die richtige Temperatur und ist durch die Ausscheidungen der Fische auch etwas gedüngt, was wiederum den Pflanzen zugute kommt.

Schattieren

Von Vorteil ist es, wenn in der Nähe unserer Miniteichanlage bereits vor dem Bau brauchbare Schattenspender vorhanden sind. Wenn nicht, dann muß man, ganz besonders in sonnigen Lagen, für den nötigen Sonnenschutz sorgen, damit bei Temperaturen über 30 °C keine Überhitzungsschäden auftreten können. Das Wasserleben ist durch zu hohe Wassertemperaturen besonders gefährdet.
Sie haben es sicherlich schon am eigenen Leib erfahren, wie schnell sich z. B. ein windstiller Südbalkon aufheizen kann. Denken Sie daran, rechtzeitig für den nötigen Schatten zu sorgen, auch wenn Sie nicht zu Hause sind. Es ist allemal besser, einmal umsonst zu schattieren, als bei der Rückkehr vor irreparablen Schäden zu stehen.

Düngen

Damit sich die Pflanzen optimal entwickeln können, muß man sie richtig ernähren, d. h. gut düngen. Für unsere Wasser- und Sumpfpflanzen gilt dies natürlich auch. Der Nährstoffvorrat im Pflanzsubstrat hält nicht ewig vor, denn die Pflanzen zehren stetig davon.
Düngen soll man natürlich nur während der Vegetationsperiode, wenn die Pflanzen Substanz aufbauen und blühen; in unserer Anlage ist dies vom April bis in den August hinein.
Die Wasserpflanzen düngt man wöchentlich einmal mit einem guten Wasserpflanzendünger, wie ihn die Aquarianer verwenden. Um eine Überdüngung zu vermeiden, hält man sich zweckmäßigerweise immer an die Gebrauchsanleitung.
Die Uferpflanzen und die anderen Pfleglinge kann man mit einem guten Dün-

ger aus der Hydrokultur mit dem Nötigen versorgen. Sie sind gut beraten, wenn Sie von April bis Juli einmal monatlich düngen.
Glauben Sie bitte nicht, daß zu häufiges Düngen, womöglich auch noch mit der mehrfachen Menge, doppeltes Wachstum schafft. Düngen Sie bitte nur so viel, wie der Hersteller es auf der Packung vorschreibt! Weil unser Kasten ja auch mit »Mehrjährigen« bestückt ist, muß in den Jahren nach der Pflanzung besonderer Wert auf die Nachdüngung gelegt werden, um Mangelerscheinungen vorzubeugen.

Ordnen und pflegen

Im großen und ganzen sind Miniteichanlagen recht pflegeleicht. Bedingt durch den relativ kleinen Pflanzraum und im Überschwang der Begeisterung ist man gerne geneigt, zuviel oder zu eng zu pflanzen. Wenn man zudem nicht bedacht hat, daß manche Pflanzen so gut gedeihen, daß sie einfach zu mächtig werden, heißt es schon im ersten Jahr wieder auslichten.
Bei zusagenden Bedingungen werden kleine Arten von den großen überwuchert und sterben ab. Oder alles wächst wild durcheinander, verfilzt und wirkt unansehnlich. Ist dies der Fall, so sollte man rechtzeitig auslichten und für Luft und richtige Anordnung der Gewächse sorgen. Dies ist eine willkommene Gelegenheit, den Pflanzenüberschuß für einen Ausbau der bestehenden Anlage zu verwenden oder gute Freunde damit zu versorgen! Für größere Eingriffe in die Bepflanzung eignen sich naturgemäß das Frühjahr und der Herbst am besten.
Um für neues Leben Platz zu schaffen, gilt es, regelmäßig alles Abgeblühte und Abgestorbene sowie Vergilbtes abzuschneiden und zu entfernen.
Haben Pflanzen Samen angesetzt, so sollten Sie diese ausreifen lassen, um sie im Frühjahr neu auszusäen. Sehen Sie in einem guten Fachbuch nach, wie man den speziellen Samen behandeln muß, damit das Keimen im Frühjahr auch gelingt. Manche Samen müssen dazu erst dem Frost ausgesetzt werden (»Frostkeimer«).
Auch das Wasserbecken ist regelmäßig zu warten. Wenn die Schwimmpflanzen die gesamte Wasseroberfläche zu bedecken drohen, muß man sie ausdünnen. Abgestorbene Blätter und Blüten von Seerosen sollte man ebenfalls entfernen, damit sie nicht auf den Bodengrund absinken und dort verfaulen. Algen, eingewehte Blätter usw. fischt man regelmäßig ab. Das Wasser bleibt so stets klar und sauber.
Der Bestand an Unterwasserpflanzen wird immer so im Zaum gehalten, daß die Fische noch genügend Schwimmraum zur Verfügung haben. Sie werden feststellen, daß die gesamten Wartungs- und Pflegearbeiten nicht nur Arbeit bedeuten, sondern auch eine willkommene Gelegenheit darstellen, interessante Beobachtungen zu machen.

Pflege im Urlaub

Unser Miniwassergarten ist der ideale Ort, um während der schönsten Zeit des Jahres zu entspannen und sich in Ruhe

zu erholen. Wer aber verreisen will, kann dies unbesorgt tun, wenn die Voraussetzungen dafür geschaffen wurden.
Meist ist es möglich, eine hilfsbereite Person um die Pflege und Wartung während dieser Zeit zu bitten. Nach einer entsprechenden Anweisung, vor allem des Guten nicht zuviel zu tun (d.h. den Fischen keinesfalls zuviel Futter vorzusetzen und die Pflanzen nicht »ersaufen« zu lassen), kann man unbesorgt wegfahren.
Wo eine solche Vertrauensperson nicht vorhanden ist, muß die Technik diese ersetzen.
Um die Pflanzen während des Urlaubs mit dem lebenswichtigen Naß zu versorgen, gibt es mehrere erprobte Möglichkeiten, z.B. die schon erwähnten Balkonkästen mit integriertem Wasserreservoir, das man auch als Nachrüstsatz bekommen kann. Mit diesem Bewässerungssystem lassen sich Balkonpflanzen problemlos auch langfristig versorgen. Über den außen am Blumenkasten angebrachten Speicherbehälter gelangt das Wasser über ein Rohr, das mit dünnen Schlitzen versehen ist, direkt an die Wurzeln. So wird auch weniger Wasser benötigt als beim Gießen von oben.
Dann gibt es auch noch die Tröpfchenbewässerung nach Maß. Aus einem Vorratsgefäß (ein großer Eimer, ein Plastikkanister) gelangt das Naß über dünne Plastikschläuche zu einem Wasserspender (häufig aus Plastik mit Holzkern oder Ton), der je nach Bedarf tröpfchenweise Feuchtigkeit an die Erde abgibt. Das Quellmaterial des Spenders reagiert auf Trockenheit und Feuchtigkeit. Wenn die Erde noch feucht genug ist, quillt die Quellmasse auf, und die Wasserzufuhr wird dadurch unterbrochen. Trocknet die Erde, schrumpft das Material wieder, und das Wasser kann wieder fließen. Damit dieses System gut funktioniert, muß das Wasserreservoir natürlich höher stehen als die Pflanzgefäße.
Wer es vollautomatisch und computergesteuert liebt, für den gibt es auch Bewässerungscomputer mit Feuchtefühlern, die direkt an eine Wasserleitung angeschlossen werden. Man kann dann zu festgesetzten Zeiten gießen lassen. Mit dem Feuchtefühler wird verhindert, daß zuviel gegossen wird. Der Bewässerungscomputer arbeitet energiesparend und zuverlässig durch eine spezielle elektromagnetische Ventilsteuerung. Die Betriebsdauer beträgt lt. Hersteller mit einer 9V-Alkali-Mangan-Batterie ca. ein Jahr. So gerüstet kann man seinen Urlaub beruhigt antreten.
Es empfiehlt sich, ca. 3 bis 4 Wochen vor Urlaubsantritt den »Ernstfall« zu proben, um sicherzugehen, daß das eingesetzte System einwandfrei funktioniert.
Für die Versorgung der Fische gibt es im Zoofachhandel Futterautomaten, auch mit Batteriebetrieb.
Die Erfahrung hat gezeigt, daß es den Fischen keinesfalls schadet, wenn man nicht jeden Tag füttert und die dargereichte Futtermenge knapp bemessen ist. Ein Zuviel an Futter kann das Wasser sehr schnell verderben lassen. Also Maß halten und ebenfalls einige Probelauftage für das Gerät einplanen!
Auf keinen Fall darf man es versäumen, die Filter- oder Förderpumpe ein bis zwei Wochen vor Urlaubsantritt zu warten und zu säubern. Das Beckenwasser

tauscht man zu ⅓ gegen Frischwasser aus.
Außerdem sollten kurz vor dem Urlaub keine neuen Fische mehr hinzugekauft werden, um keine Krankheiten einzuschleppen.

Was tun bei Schädlingsbefall?

Trotz bester Standortwahl und guter Pflege kann es vorkommen, daß sich Pflanzenschädlinge einstellen. Das kann einfach durch Anflug geschehen, oder man bekommt mit neu hinzugekauften Pflanzen die Schädlinge gleich mitgeliefert.
Auch Fehler bei der Pflege können zur Schwächung der Pflanzen und diversen Schäden führen. Geschwächte Pflanzen sind nicht nur anfälliger, sondern überstehen einen stärkeren Befall schlechter als gesunde.
Sollten wir bei der täglichen Pflege einen Schädlingsbefall feststellen, so brauchen wir auf keinen Fall zur chemischen Keule zu greifen. Es gibt auch andere Möglichkeiten, den unerwünschten Gästen Herr zu werden, vor allem, wenn noch kein Massenbefall vorliegt. Die meisten der chemischen Mittel sind bienen- oder fischgiftig und vernichten neben den Schädlingen auch manch Nützliches.
Auch für unsere Anlage gilt die alte Regel: Vorbeugen ist besser als Heilen! Regelmäßig die Pflanzen auf Schäden hin kontrollieren! Abgestorbenes und Vergilbtes wird entfernt. Darüber hinaus kann man auch mit altbewährten Hausmitteln, die über das Gießwasser verabreicht werden, vorbeugen.
Als Balkongärtner brauchen Sie natürlich keine Fässer, die mit oft sehr streng riechenden Jauchen gefüllt sind, aufzustellen. Dies wollen wir Ihnen und Ihren Nachbarn ersparen. Die meisten der empfohlenen Hausmittel gibt es auch in Teeform. Für unsere kleine Anlage brauchen wir ohnedies keine großen Mengen.
Zur Vorbeugung gegen einige Schädlinge, vor allem Anflieger, kann man zwischen unsere Sumpfpflanzen Duftkräuter wie Minze, Tagetes, Steckzwiebeln oder Knoblauch in Töpfen plazieren. Solche Pflanzen machen sich auch gut in Gefäßen, die man um die Miniteichanlage herum gruppiert, zumal die Pflanzen hübsch aussehen.
Am häufigsten muß man mit Blattläusen rechnen. **Blattläuse** saugen an den Pflanzenteilen und geben dabei Speichelgifte ab. Die Pflanzen reagieren auf diese massive Schädigung durch Wuchshemmung und Mißbildungen. Auffällig sind bei einem massiven Blattlausbefall die gelbfleckigen gekräuselten Blätter und die verkrüppelten Austriebe und Blüten. Blattläuse können sich rasant vermehren und schnell zu einem Massenbefall führen.
Mit einem Befall ist besonders bei länger anhaltender Trockenheit, aber auch bei zu dichter Bepflanzung zu rechnen. Neu hinzugekaufte Pflanzen sollte man immer gut absuchen, um das Einschleppen zu verhindern. Dabei immer auch *unter* die Blätter sehen, denn dort halten sich diese Schmarotzer gerne auf. Sind die Pflanzen noch im Topf, so kann man die Blattläuse mit einem scharfen Strahl kalten Wassers gut abwaschen.

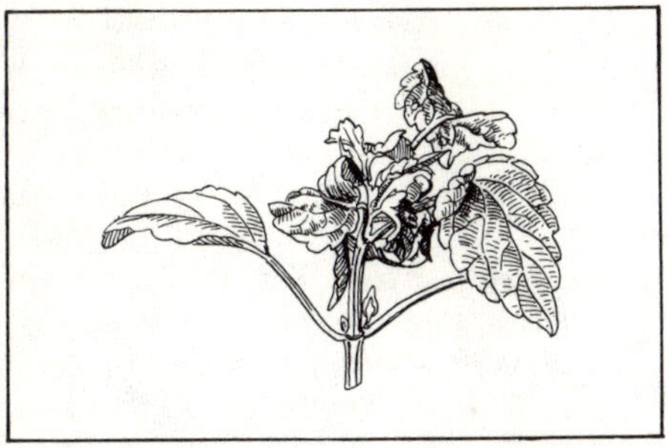

Bei starkem Blattlausbefall rollen sich die Triebe und Blätter ein.

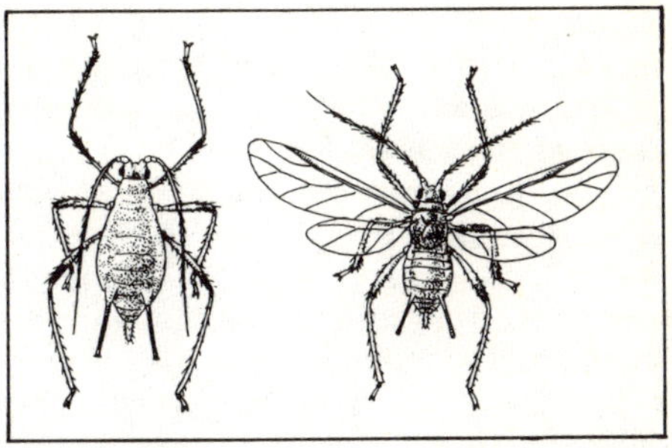

Ungeflügelte (links) und geflügelte Blattlaus.

In der Anlage hilft das regelmäßige Gießen und Besprühen der Pfleglinge mit Brennesselbrühe. Dazu nimmt man 20 g getrocknete Brennessel und weicht diese in einem Liter kaltem Wasser ca. 12 bis 15 Std. ein. Diese Lösung wird – gut durchgesiebt – am besten frühmorgens angewandt. Sehr stark befallene Blätter kann man zusätzlich mit einer Schmierseifenlösung abwaschen. Vorsicht – nicht in den Teich gelangen lassen!

Schildläuse treten an sehr vielen Pflanzen auf. Sie können äußerst hartnäckig sein, zumal sie unter ihrem bräunlichen Deckel gut geschützt sind. Schlimmer als die Saugtätigkeit wirkt die ausgeschiedene honigähnliche Masse, die die Pflanzenteile mit einem klebrigen Belag überzieht.

Mit einer Schmierseifen-Spiritus-Lösung kann man gegen sie vorgehen. Dazu nimmt man 10–20 g Schmierseife, die in einem Liter heißem Wasser aufgelöst wird, und 30 ml Brennspiritus, der in die Seifenlösung gegeben wird. Vorsicht bei der Handhabung des Spiritus – nicht über offenem Feuer hantieren! Die Lösung läßt man dann gut abkühlen und wäscht damit die befallenen Blätter mit einem gut saugenden, aber möglichst harten Schwamm ab. Dann empfiehlt es sich, die Blätter mit klarem Wasser nachzuspülen. Damit nicht zuviel der Lösung ins Erdreich gelangt, hat sich zum Abdecken Zeitung oder saugfähiges Küchenpapier bewährt. Am besten nimmt man die Pflanze samt Topf aus der Anlage, damit keine Lösung in den Teich gerät.

Spinnmilben können sich ebenfalls einstellen. Da sie sehr klein sind (ca. 0,5 mm), werden sie häufig übersehen, zumal sie sich überwiegend auf den Blattunterseiten aufhalten, um dort zu saugen. Dadurch gelangt Luft in die Zellen der Pflanzen, und sie verfärben sich silbrig. Die Schadfärbung ist auffällig, ebenso die bei stärkerem Befall auftretenden hauchdünnen Spinnfäden. Gegen diese Schädlinge hilft ebenfalls die beschriebene Seifen-Spiritus-Lösung.

Wenn man beim Hantieren mit den Pflanzen kleine, 1 bis 2 mm große weiße Insekten auffliegen sieht, die sich alsbald wieder unter den Blättern niederlassen, kann man mit einem Befall mit der »**Weißen Fliege**« rechnen. Die **Mottenschildlaus,** wie sie richtiger heißt, ist mit den Schildläusen verwandt und schädigt wie diese durch Saftentzug und klebrigen Honigtau die Pflanzen.

Wenig befallene Pflanzen kann man mit kaltem Wasser abspülen. Außerdem helfen sogenannte »Gelbsticker« aus dem Fachhandel, die man zwischen die Bepflanzung steckt. Mit einem Brennessel-Kaltwasserauszug (siehe bei Blattläusen) läßt sich ein Befall ebenfalls bekämpfen.

Sowohl der **Echte Mehltau** als auch der **Falsche Mehltau** zeigt sich durch einen puderartigen weißen Belag auf den Pflanzenblättern, die schnell vertrocknen. Bei einem solchen Befall muß man den Pflanzenbestand etwas auslichten und für eine bessere Luftzirkulation sorgen.

Mit Ackerschachtelhalmtee kann man Mehltau und einige andere Pilzerkrankungen bekämpfen. Dazu nimmt man 20 g getrockneten Ackerschachtelhalm (Tee) aus der Apotheke und kocht diese Menge in 1 Liter Wasser ca. 30 Minuten. Dann läßt man den Sud gut abkühlen und vermischt den Auszug mit 4 Litern kaltem Wasser. Mit dieser Lösung wird dann frühmorgens gegossen und die Pflanzen besprüht.

An dieser Stelle noch eine Warnung: Bitte verwenden Sie keinen »Ameisentod«, wenn Sie einmal solche Tierchen entdecken sollten. Solche Mittel sind stark fischgiftig. Ameisen lassen sich meist mit heißem Wasser, das man in den Gang gießt, zwar langsamer, aber auch erfolgreich vertreiben.

Freude mit kleinen Fischen

Den Wunsch, im Wasserbecken auch einige bunte Fische zu pflegen, kann man sich ruhigen Gewissens erfüllen, wenn die nötigen Voraussetzungen gegeben sind.

Zieht man die einschlägige Literatur zu Rate, fällt auf, daß für »draußen« immer die sogenannten Kaltwasserfische empfohlen werden. Man versteht darunter alle Fische, die zwar keine Heizung für das Wasser brauchen, sich aber bei Temperaturen über 15 °C wohler fühlen.

Die Fische, die für *unsere* Zwecke in Frage kommen, sollen sich bei Wassertemperaturen von 15 °C bis ca. 28 °C wohlfühlen, weil sie von April/Mai bis zum Spätherbst draußen leben und dann bei Zimmertemperaturen überwintern.

Aus Platzgründen scheiden die meisten der angebotenen Gartenteichfische wie Goldfische, Kois, Orfen usw. aus. Sie werden alle viel zu groß! Andere einheimische Arten wie Plötze, Karausche, Rotfeder, Bitterling und Stichling bleiben zwar klein, aber sie scheiden für unsere Planung ebenfalls aus, weil sie meist scheu bleiben und sich wegen ihrer grauen Tarnfarbe kaum beobachten lassen.

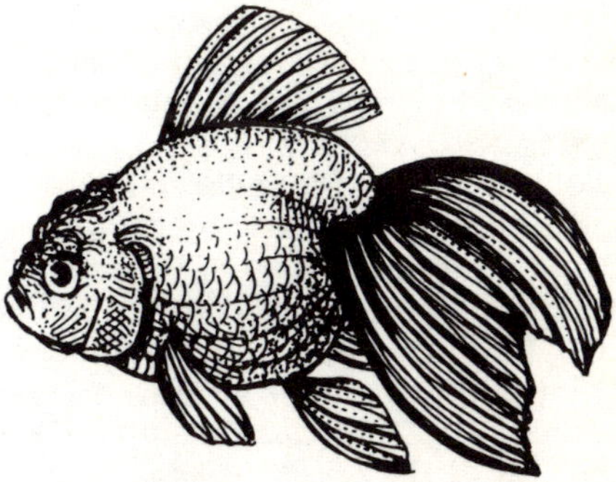

Orandas gibt es in verschiedenen Farben und Körperformen.

Schleierschwänze sind liebenswert

Für unsere Miniteichanlage suchen wir uns solche Fische aus, die mit den Temperaturen zurechtkommen, farben- und formenreich sind und sich gut beobachten lassen. Gemeint sind die beliebten Schleierschwänze, vor allem ihre Zuchtformen wie »Sarasa Ryukin«, »Callico Ryukin«, »Ranchus« und »Orandas«, von denen es goldfarbige, rote, bunt gescheckte oder silberne mit einer roten Haube gibt. Letztere werden auch »Rotkäppchen-Orandas« genannt. Auch die »Löwenkopforandas« mit ihren dicken Hauben und Pausbäckchen begeistern jeden Betrachter.

Schleierschwänze und ihre Zuchtformen können bei guter Pflege recht alt werden. Hiesige Erfahrungen sprechen für ein Alter von 10 bis 15 Jahren. Aus Fernost wird von Fischen berichtet, die in Tempelanlagen und öffentlichen Parks über 30 Jahre alt wurden.

Die bei uns im Zoofachhandel angebotenen Fische stammen meist aus Japan, Hongkong, Thailand, Taiwan und sogar aus China. In diesen Ländern hat die Zucht von Goldfischen und ihren Zuchtformen eine jahrhundertealte Tradition.

Bevor man sich Fische kauft, sollte das bepflanzte Wasserbecken 2 bis 3 Wochen ohne Fische bleiben. Der Filter ist dann gut »eingefahren«, weil sich im Filtermaterial während dieser Zeit die nützlichen Bakterien, die das Wasser entgiften, entwickeln konnten.

Sicherheitshalber prüft man die Was-

serwerte, ob kein giftiges Nitrit (NO_2) mehr vorhanden ist und der pH-Wert fischverträglich (7,2–7,8) ist. Testsets gibt es im Zoofachhandel.
Wie viele Fische Sie in Ihren Miniteich setzen können, richtet sich nach der Größe des Behälters. Als Faustregel für die Besatzdichte kann gelten: Pro 10 Liter Beckenwasser kann man einen Fisch von 5 cm Länge einsetzen. Überbesetzen darf man das Becken auf keinen Fall, da die relativ geringe Wassermenge dies nicht zuläßt. Je weniger Wasser zur Verfügung steht, desto labiler ist das biologische Gleichgewicht.
Beim Einkauf achtet man darauf, daß man nur Fische erwirbt, die in sauber gepflegten Aquarien mit klarem Wasser schwimmen. Gesunde Fische schwimmen »normal«, d. h. nicht ruckartig, taumelnd oder mit starkem Auftrieb. Sie sollten auch munter umherschwimmen und nicht am Boden oder in Ecken müde verweilen. Außerdem sollen die Flossen immer klar – ohne weiße Flekken, Pickel oder Beläge – sein.
Fragen Sie den Zoofachhändler nach den Hälterungstemperaturen im Aquarium, weil dies wichtig für die Umgewöhnung ist. Je größer der Temperaturunterschied zwischen dem Händlerbecken und Ihrem Behälter, desto länger muß die Umgewöhnungsphase dauern. Beobachten Sie im Geschäft auch die Fütterung, denn nur gesunde Fische schwimmen jedem Futterbrokken gierig hinterher.
Wenn der Heimweg nicht länger als eine Stunde dauert, brauchen die Fische nicht mit Sauerstoff verpackt zu werden. Der Verkäufer sollte nur darauf achten, daß nicht mehr als 2 Tiere in einen Transportbeutel verpackt werden. Je behutsamer verpackt wird, desto weniger Streß und Unbehagen (durch eine Wasserverschlechterung) sind die Schleierschwänze während des Transportes ausgesetzt.
Zu Hause angekommen, packen wir die Neuerwerbungen sofort aus und gewöhnen sie langsam an ihr neues Domizil. Zuerst öffnet man den Transportbeutel und schüttet ca. ⅓ des Transportwassers weg. Dann gibt man dieselbe Menge Wasser aus dem vorgesehenen Bekken zu. Danach schwenkt man den Transportbeutel vorsichtig, so daß sich das Wasser gut vermischt. Diese Prozedur wiederholt man noch 2- bis 3mal. Damit erreicht man, daß die Fische keinen Umsetzschock erleiden, denn die Temperaturen und Wasserverhältnisse von Transportwasser und Beckenwasser können weit auseinanderklaffen.
Nun kann der Inhalt des Transportbeutels über einem weichen Netz entleert und die Fische können schonend in ihre neue Heimat entlassen werden. Haben Sie keine Angst, wenn die Fische erst einmal auf »Tauchstation« gehen und für 1 bis 2 Tage nicht mehr zu sehen sind.

Mit Freude füttern

Nun würde man nichts lieber tun, als seine Neuerwerbungen sofort zu füttern. Das wäre aber sicherlich vergebens und auch falsch, denn die Fische brauchen ihre Zeit, bis sie sich eingewöhnt haben, ihre Scheu verlieren und an die Wasseroberfläche kommen, um zu fressen.

Als Futter für unsere Schleierschwänze verwenden wir kein sogenanntes Teichfischfutter; diese Futtersorten sind nur als Ergänzung der natürlichen Nahrung im Gartenteich gedacht. Wir nehmen bestes Zierfischfutter, wie es auch Aquarienfische bekommen. Dieses Futter enthält alle lebensnotwendigen Nähr- und Aufbaustoffe sowie wichtige Vitamine und Spurenelemente im ausgewogenen Verhältnis. Die Vitalität und Farbenpracht der Fische wird mit einem guten Markenfutter gesichert.
Man füttert abwechslungsreich, weil unsere »karpfenartigen« Fische ja Allesfresser sind, d.h., sie nehmen sowohl pflanzliche als auch tierische Nahrung zu sich. Deshalb brauchen Sie auch nie Angst zu haben, daß Mücken in Ihrer Teichanlage heranwachsen. Die Fische fressen mit Sicherheit die Mückenlarven, weil diese Tierchen eine willkommene Bereicherung ihres Speisezettels darstellen.
Gefüttert wird täglich ein- bis zweimal, aber nur kleine Mengen: immer so viel, wie von den Fischen innerhalb von 5 bis 10 Minuten restlos aufgefressen wird. Kaum etwas ist schlimmer, als ein Zuviel an Futter, das auf den Grund des Behälters sinkt, dort verfault und das Wasser verdirbt.
Beobachten Sie Ihre Fische bei der Fütterung. So können Sie feststellen, daß sie um so weniger fressen, je kälter das Wasser ist. Bei steigenden Temperaturen wächst auch der Appetit, bis er ab 30 °C wieder abnimmt.
Genießen Sie die Fütterung, denn schon bald werden die Fische zutraulich und erwarten zu den gewohnten Zeiten ihre Mahlzeit. Dabei kann man auch feststellen, ob sie sich alle wohl fühlen, und man bekommt das nötige Gespür, um bei Unpäßlichkeiten richtig reagieren zu können.

Wasserpflege

Da Wasser meistens klar, hygienisch einwandfrei und wohlschmeckend aus der Leitung fließt und uns wohl bekommt, macht man sich kaum einmal Gedanken, ob es auch für Zierfische zuträglich ist. Fische können auf jede Verschlechterung ihres Lebensraumes mit deutlichem Unbehagen, ja mit dem Tod reagieren.
Wasser ist ein hervorragendes Lösungsmittel, dem man es nicht ansieht, wenn es Stoffe enthält, die den Fischen nicht bekommen. Dabei kommt es nicht nur auf die Art der Stoffe an, sondern auch auf ihre Konzentration.
In unserem Wasserbecken wird es durch biologische und chemische Vorgänge zu weiteren Veränderungen der Wasserbeschaffenheit kommen.
Wissenschaftler haben sich intensiv mit den Lebensbedingungen von Zierfischen befaßt. Mit den daraus resultierenden Erkenntnissen konnten sowohl wirksame und einfach zu handhabende Wassertests als auch brauchbare Wasseraufbereitungsmittel für die Haltung und Pflege von Fischen entwickelt werden. So kann man auch zum Füllen und Betreiben unseres Miniteiches Trinkwasser aus der Leitung nehmen, wenn man es aufbereitet.
Nach dem Waschmittelgesetz wird die **Wasserhärte (GH)** in vier Bereiche eingeteilt:

bis 7° d	=	weiches Wasser
7–14° d	=	mittelhartes Wasser; diese Werte sind gut für unsere Schleierschwänze
14–21° d	=	hartes Wasser; problematisch für viele kalkfliehende Pflanzen
über 21° d	=	sehr hartes Wasser; für unsere Zwecke ungeeignet, man muß es aufbereiten

Wo sehr hartes (kalkhaltiges) Wasser mit mehr als 21° dGH aus der Leitung fließt, empfiehlt es sich, dieses mit entsalztem (destilliertem) Wasser oder sauberem Regenwasser bis zur erwünschten Härte von 10 bis 15° dGH zu vermischen.
Um brauchbares Regenwasser zu gewinnen, zapft man das Traufenrohr an und läßt bei starkem Regen 1 bis 2 Std. vergehen, bevor man das Regenwasser auffängt. Dabei leitet man das Traufenwasser über einen perforierten Eimer, der mit hochaktiver Filterkohle (aus der Aquaristik) gefüllt ist. Das so gereinigte Wasser kann dann zur Wasseraufbereitung und zum Gießen verwendet werden.
Sollte das Wasser weniger als 5° dGH aufweisen, also weich sein, so kann man das Wasser mit einem sogenannten Härtebildner aus dem Zoofachhandel bis zum erwünschten Wert »aufhärten«.
Der **pH-Wert**, den wir ebenfalls beachten sollten, ist ein Maß für die im Wasser gelösten Säuren und Basen, die es entweder ansäuern (pH unter 7) oder alkalisch machen (pH über 7). Stehen die Säuren und Basen im Gleichgewicht, spricht man von einem neutralen pH-Wert (7). Die pH-Skala reicht von pH 0 bis 14. Testsets sind im Zoofachhandel erhältlich.
Unsere Pfleglinge fühlen sich bei einem pH-Wert von 7,2 bis 8 wohl. Extrem abweichende Werte verursachen Unbehagen und Schäden bei den Fischen.
Wenn wir unser Wasserbecken mit Leitungswasser füllen, sollte das Wasser vorher 3 bis 5 Minuten bei kleinem Strahl ablaufen. So wird verhindert, daß schädliches Kupfer, Zink oder gar Blei aus der Standleitung in das Wasserbekken gelangen kann. Schwermetallionen aus Wasserleitungen können für Fische, in hoher Konzentration auch für uns, schädlich wirken.
Dies gilt auch für Chlor, das in manchen Gegenden aus Hygienegründen vom Wasserwerk dem Wasser zugegeben wird. Wenn man das Wasser abstehen läßt, so entweicht das Chlor von selbst. Durch die Zugabe eines guten Wasser-

Der Gehalt an Säuren (●) und Basen (○) bestimmt den pH-Wert des Wassers.

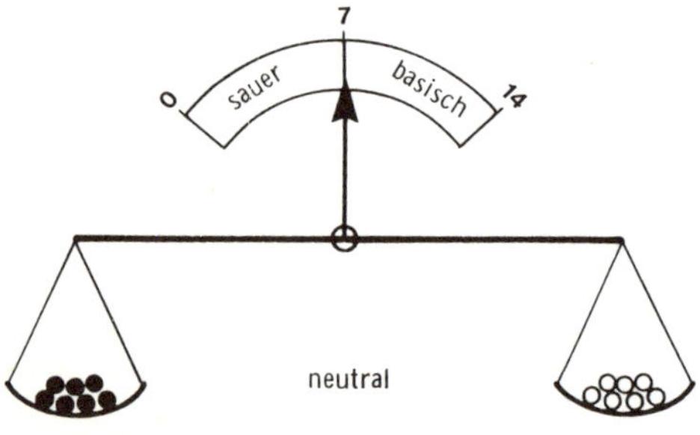

aufbereitungsmittels (aus der Aquaristik) kann man die meisten Schadstoffe aus der Leitung neutralisieren und für einen wirkungsvollen Schleimhautschutz der Fische sorgen.
Wie bereits erwähnt, sollte sich das aufbereitete Wasser schon ein bis zwei Wochen bei laufendem Filter im Becken befinden, bevor man die Fische einsetzt. Dies ist nötig, damit sich die für den Stickstoffabbau notwendigen Bakterien im Filter ansiedeln können.
Die Stickstoffverbindungen gelangen durch den Abbau von organischer Substanz (abgestorbene Pflanzen, Futterreste, Kot) ins Wasser. Durch verschiedene Bakterien werden sie stufenweise über Ammonium (NH_4^+) und das giftige Nitrit (NO_2^-) zu dem relativ unschädlichen Nitrat (NO_3^-) abgebaut. (Nitratwerte über 50 mg/l können zu unerwünschtem Algenwuchs führen.) Liegt der pH-Wert zu hoch, kann aus Ammonium giftiges Ammoniak (NH_3) entstehen. Gehalte ab 0,02 mg/l Ammoniak bzw. 0,2 mg/l Nitrit sind bedenklich! Ab 0,5 mg/l Ammoniak können Todesfälle auftreten.
Es ist deshalb empfehlenswert, vor dem Einsetzen der Fische und auch danach regelmäßig den Nitrit- und Ammoniak-Gehalt des Wassers zu prüfen (Testsets sind im Zoofachhandel erhältlich) und regelmäßig einen Teil des Wassers auszutauschen.
Interessant und wichtig ist auch der **Sauerstoffgehalt** des Wassers, denn alle Lebewesen sind auf Sauerstoff (O_2) angewiesen. Stellt man fest, daß die Fische andauernd an der Wasseroberfläche buchstäblich nach Luft schnappen, so muß man die O_2-Werte ermitteln und Ursachenforschung betreiben, um richtig reagieren zu können. Sauerstoffmangel kann verschiedene Ursachen haben:

- Zu hohe Wassertemperaturen.

Dabei ist zu beachten, daß der Sauerstoffgehalt eines Gewässers auch temperaturabhängig ist. Kaltes Wasser vermag mehr O_2 aufzunehmen als warmes. Die Tabelle macht dies deutlich.

Temperatur des Wassers	maximaler Sauerstoffgehalt in mg/l
5 °C	12,4
10 °C	10,9
15 °C	9,8
20 °C	8,8
25 °C	8,1
28 °C	7,8
30 °C	7,5

Deshalb sollte unser Becken nicht zu warm werden, und die angegebenen Werte sollten möglichst nicht um mehr als 20 Prozent unterschritten werden. Es empfiehlt sich, täglich die Wassertemperatur mit einem Aquarienthermometer zu kontrollieren.

- Zu viele Fische im Becken.
- Zuviel Futter, dadurch gestörter Abbau von organischem Material.
- Zuviel Schlamm auf dem Beckengrund.
- Zu dichter Pflanzenteppich auf der Wasseroberfläche. Dadurch wird ein reibungsloser Gasaustausch gestört, das Wasser kann keinen Sauerstoff mehr über die Wasseroberfläche aufnehmen.
- Die Umwälzpumpe ist ausgefallen.

Wenn man sofort richtig reagiert, kann man Schlimmeres verhindern:

- Bei zu hohen Wassertemperaturen wird abschattiert.
- Einen Teilwasserwechsel mit kühlerem Wasser vornehmen. Aber Vorsicht vor einem Temperaturschock, das Frischwasser langsam zugeben!
- Maßvoll füttern.
- Regelmäßig den Bodengrund absaugen, am besten beim Teilwasserwechsel mit einem Schlauch.
- Für gute Filterung sorgen.
- Eventuell noch zusätzlich belüften.
- Die zu dicht gewachsene Pflanzendecke auslichten, so daß 50 Prozent der Wasseroberfläche pflanzenfrei wird.
- Eventuell muß man auch die Besatzdichte verringern.

Leider sieht und riecht man es meistens zu spät, wenn mit dem Becken etwas »faul« ist. Deshalb gilt auch hier: Vorbeugen ist besser als heilen. Man wechselt regelmäßig alle 3 Wochen ⅓ des Bekkenwassers gegen abgestandenes, aufbereitetes Leitungswasser aus.

In unserem Miniteich verdunstet ununterbrochen Wasser. Zurück bleiben Salze, die die Wasserhärte bewirken. Das Wasser wird also immer härter. Um dies zu vermeiden, sollte man bei jedem Nachfüllen dieselbe Menge verdunsteten Wassers zusätzlich entnehmen und alles wieder auffüllen. (Beispiel: Verdunsteten 2 l, so werden 2 weitere Liter mit einem Schlauch abgezogen und 4 Liter Frischwasser aufgefüllt.)

Aus Sicherheitsgründen kontrolliert man regelmäßig (am besten wöchentlich) die Wasserwerte (pH-Wert, Nitrit- und Sauerstoffgehalt). Bei Unregelmäßigkeiten kann man dann sofort eingreifen, um zu verhindern, daß die Fische Unbehagen zeigen, an der Wasseroberflläche nach Luft schnappen, sich scheuern, schaukelnd schwimmen oder appetitlos werden.

Krankheiten vermeiden und heilen

Wer gesunde Fische gekauft hat und nicht zum Sammler wird oder das Bekken überfüllt, der wird kaum Probleme haben, wenn eine gute Wasserpflege betrieben wird. Wenn sich wider Erwarten aber doch einmal Krankheitserscheinungen zeigen (weiße Pünktchen auf dem Körper oder auf den Flossen, graue Flossenränder oder Verpilzungen) und die Fische sich scheuern, sich windend schwimmen, appetitlos sind oder apathisch wirken, so muß man sofort reagieren.

Im Zoofachhandel gibt es für alle Krankheitsbilder gute Fischheilmittel. Meistens sind es Mittel mit einer breiten Wirkung gegen die häufigsten Ektoparasiten, Flossenschäden und Verpilzungen.

Bitte die Fischmedikamente genau nach der Dosierungsvorschrift anwenden, nicht nach dem Motto: »Viel hilft viel!« Das Gegenteil würde eintreten, die Fische können sogar sterben, wenn überdosiert wird.

Schon bald stellen sich in unserem neu geschaffenen Mini-Biotop Schmetterlinge und Libellen ein.

Wenn Sie ganz unsicher sind, was Ihren Fischen fehlt, so fangen Sie einen befallenen Fisch aus dem Becken heraus und transportieren ihn mit Beckenwasser zum Zoofachhändler, damit dieser eine genaue Diagnose stellen kann. Dies ist besser, als dort nur anzurufen; Ferndiagnosen sind immer mit Vorsicht zu genießen.
Darüber hinaus gibt es auch gute Fachbücher, die sich mit dem Thema Fischkrankheiten eingehend auseinandersetzen.

Fische im Urlaub

Wie schon angedeutet, braucht man auch vor längerer Abwesenheit keine Angst zu haben. Wenn die Wasserverhältnisse gut sind und die Filteranlage reibungslos läuft, kann man die Fische ruhig einige Tage ohne Futter sich selbst überlassen.
In einem gut eingefahrenen Behälter, der nicht überbesetzt ist, finden die Fische genügend Aufwuchs (Algen und kleine Organismen), um die Zeit Ihrer Abwesenheit gut zu überstehen.
Wenn sich eine »Vertretung« anbietet, sollte man sich davor hüten, dieser die Futterdose mit dem Hinweis in die Hand zu drücken: »Immer wenn du nach den Pflanzen siehst, dann werden auch die Fische gefüttert.« Das geht meistens schief! Es wird häufig zu oft und zuviel gefüttert – mit schlimmen Folgen: Das Beckenwasser verdirbt, die Fische leiden unter Sauerstoffmangel und sterben.
Weit besser ist es, dem Pfleger eine rationierte Menge Futter (pro Tag eine kleine Portion) bereitzulegen oder einen Futterautomaten einzusetzen. Ihre Urlaubsvertretung sollte auch das verdunstete Wasser auffüllen. Am besten stellen Sie dafür ein Gefäß mit vorbereitetem Wasser (Wasser und Wasseraufbereitungsmittel) bereit. Hinterlassen Sie auch die Telefonnummer des Zoofachgeschäftes Ihres Vertrauens, dann kann die Urlaubsvertretung dort um Rat fragen, wenn es nötig sein sollte.

Was man sonst noch pflegen kann

Sieht man einmal von der Möglichkeit ab, daß verschiedene Wasserinsekten zufliegen können (vor allem Libellen), so bleibt noch die Pflege von Wasserschnecken. Für unseren Miniteich eignen sich die Posthorn- oder Tellerschnecke (*Planorbarius corneus*), die es von dunkel- bis rotbraun gefärbt gibt. Diese Schnecken weiden unermüdlich den sich bildenden Algenrasen ab und fressen Detritus (Schwebe- und Gewebeteilchen und von Bakterien Zerlegtes). Von Vorteil ist es, daß die Schnekken mit den Fischen ins Winterquartier umziehen können.

Wasserspeier verschönern jeden Miniwassergarten. Achten Sie aber darauf, daß der Wind die Fontäne nicht über den Beckenrand hinaustragen kann.
Den blau-schwarzen Oranda mit seiner außergewöhnlichen Färbung (unten) können wir in unserem Miniteich pflegen. Er muß aber drinnen überwintern.

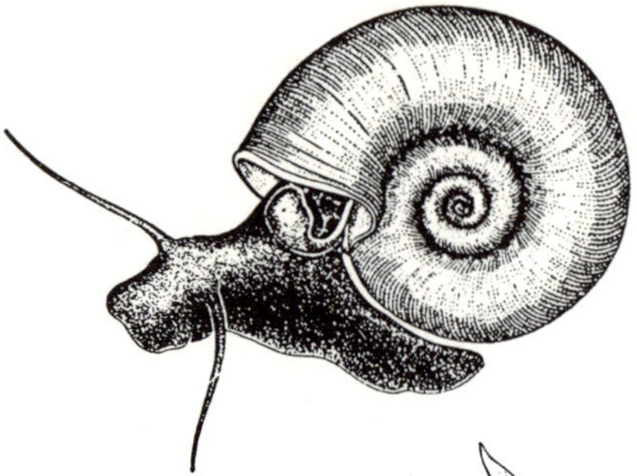

Eine weitere interessante Schnecke ist die Spitzschlammschnecke (*Lymnaea stagnalis*), auch sie macht sich als Abfallverwerter nützlich. Ein Nachteil sei aber nicht verschwiegen: Sie kann sich sehr stark vermehren und, wenn sie überhandnimmt, sogar Schaden anrichten, indem sie Pflanzen schädigt. Für einige wenige Tiere sollte in unserem Miniteich aber Platz sein.

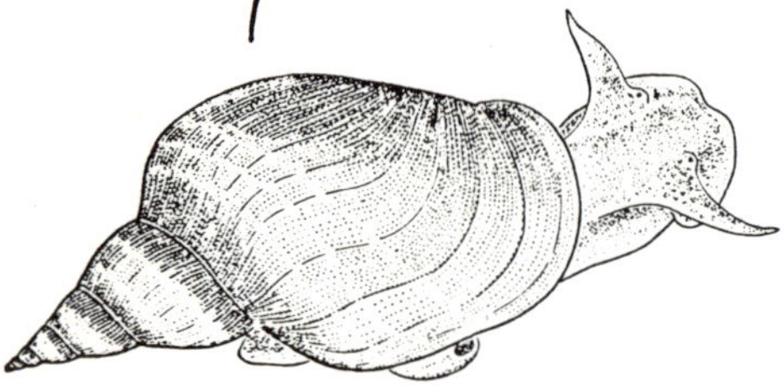

Posthornschnecken (*Planorbarius corneus*) können wir gut in unserem Miniteich pflegen.

Die Spitzschlammschnecke (*Lymnaea stagnalis*) vermehrt sich sehr schnell.

Die Technik

Ganz ohne Technik kommen wir bei unserem Miniwassergarten nicht aus, wenn wir außer Pflanzen auch Fische pflegen wollen.

Stromanschlüsse

Für Licht, eine elektrisch betriebene Markise oder einen Elektrogrill ist auf Balkonen und Terrassen oft schon ein Stromanschluß vorhanden. Für den Betrieb eines Filters, Wasserfalls oder Springbrunnens benötigt man aber nochmals eine Stromquelle. Ob Doppelstecker oder Mehrfachsteckdose – in jedem Fall sollte man eine feuchtigkeitsgeschützte Steckdose verwenden. Müssen Leitungen verlegt oder Stromanschlüsse neu eingerichtet werden, so dürfen diese Installationen nur von Fachleuten (Elektrikern) ausgeführt werden. Wenn sich die elektrischen Anschlüsse parterre oder an leicht zugänglichen Orten befinden, so empfiehlt es sich, nicht nur feuchtigkeitsgeschützte, sondern auch abschließbare Steckdosen zu verwenden. Andernfalls würden

Sie einem Einbrecher die Arbeit sehr erleichtern.
Um sich vor Stromunfällen zu schützen, kann man noch einen sogenannten FI-Schalter (Fehlerstromschutzschalter) einbauen lassen. Bei einem Gerätedefekt wird vom FI-Schalter die Stromzufuhr sofort unterbrochen.

Bewegtes Wasser

So mancher Aquarianer oder Gartenteichbesitzer wollte sein geliebtes Hobby schon aufgeben, weil es ihm nicht gelingen wollte, das Wasser dauerhaft klar, sauber und biologisch einwandfrei zu erhalten.
Schwimmbadklares Wasser – das sei an dieser Stelle bemerkt – ist auf Dauer ohne technische Hilfsmittel nicht möglich. Zu viele Stoffe, die das Wasser verändern und auch etwas färben können, gelangen in unser Wasserbecken. Mit der chemischen Keule oder mit Chlor wollen und können wir nicht arbeiten. Damit unser Wasser nicht von Tag zu Tag undurchsichtiger wird und die Fische an der Wasseroberfläche nach Luft schnappen, sorgen wir für eine gute Wasserumwälzung oder Filterung und betreiben Wasserpflege (siehe Seite 51).
Wir benötigen daher einen leistungsstarken **Filter** bzw. eine gute **Förderpumpe.** Im Zoofachhandel (dort hat man die meiste Erfahrung durch den Verkauf von Aquarienfiltern) gibt es auch für unsere Zwecke das Richtige.
Man entscheidet sich für ein Gerät, welches leistungsstark ist, wenig Strom verbraucht (bis 30 Watt) und den neuesten sicherheitstechnischen Anforderungen entspricht. Darüber hinaus sind gute Markenartikel mit dem TÜV- und GS-Zeichen versehen und sollten geräuscharm sein.
Die meisten der für uns in Frage kommenden Filtersysteme arbeiten mechanisch. Das heißt, daß die groben Schmutzteilchen im Filtermaterial (häufig ein Schwamm) zurückgehalten werden. Den Schwamm wäscht man, je nach Schmutzanfall, alle 2 bis 3 Wochen unter lauwarmem Wasser aus. Bei dieser Gelegenheit säubert man auch noch das leicht zugängliche »Innenleben« des Filters (das Flügelrad, die Ein- und Ausströmöffnung) mit einer Spezialbürste.
Die beste Wasserdurchmischung erzielt man, wenn der Wasserauslauf so angebracht wird, daß er sich halb unter- und halb oberhalb des Wasserspiegels befindet. Damit der Filter selbst nicht zu schnell verschlammt, wird er etwas erhöht im Wasserbecken aufgestellt.
Aus der Aquaristik sind auch noch luftbetriebene Schwammfilter bekannt, die man ebenfalls für unsere Anlage verwenden könnte. Diese Filter werden mit einer Luftpumpe betrieben. Zusätzlich kann auch noch ein **Sprudelstein**, der das Wasser mit Sauerstoff anreichert, angeschlossen werden. Man braucht nur ein Verteilerstück mit Dosierhahn, um beides gleichzeitig zu betreiben.
Die Luftpumpe stellt man an einen trokkenen Platz oder hängt sie außerhalb des Beckens an die Wand. Um bei einem Strom- oder Pumpenausfall ein Zurücklaufen des Wassers in die Pumpe zu verhindern, wird entweder ein Rückschlagventil zwischen der Pumpe

Technisches Zubehör

Wenn genügend Platz vorhanden ist, kann man einen kleinen »Wasserfall« installieren. Fontänen oder Sprudelsteine eignen sich auch für kleinste Teiche, wenn man nur darauf achtet, daß das Wasser nicht über den Beckenrand hinausgeweht werden kann.

und dem Ausströmer eingesetzt oder die Luftpumpe so hoch über dem Niveau des Wasserspiegels installiert, daß kein Wasser hineinlaufen kann.
Beim Kauf von Pumpen und Filtern sollte man rechtzeitig das Gespräch mit dem Fachhändler suchen. Spontankäufe oder sogenannte »Schnäppchen« auf Flohmärkten und aus Inseraten führen häufig zu großen Enttäuschungen. Man sollte wissen, was man betreiben will.
Vor dem Kauf eines **Springbrunnens** ist zu überlegen, zu welcher Form das Wasser aus der Spritzdüse finden soll. Die Entscheidung ist oft gar nicht leicht zu treffen, gibt es doch neben der einfachen auch mehrfache Fontänen, diver-

se Schaumdüsen und verschiedene Größen von Schaumglocken.
Beziehen Sie in Ihre Kaufentscheidung in jedem Fall den Wasserinhalt und die Beckenmaße sowie die Förderhöhe mit ein. Wählt man eine zu leistungsstarke Pumpe, so treibt schon der kleinste Windstoß das sprühende Wasser über den Beckenrand hinaus. Dann dauert es nicht mehr lange, bis das Becken leergepumpt ist und die Pumpe trokkenläuft. Um dies zu vermeiden, setzt man den Springbrunnen so tief, daß der Beckenrand doppelt soweit von der Springbrunnendüse entfernt ist, wie die Fontäne hoch ist. Beispiel: Fontänenhöhe = 20 cm, nötige Entfernung vom Beckenrand nach allen Seiten = 40 cm.
Es ist nützlich, wenn man bei der Kaufentscheidung neben dem Preis-Leistungs-Verhältnis auch den Stromverbrauch eines Gerätes, die Garantie des Herstellers und die Serviceleistungen des Verkäufers mit in die Kaufentscheidung einbezieht.

Ins rechte Licht gesetzt

Wie sieht ein Miniwassergarten eigentlich bei Licht besehen aus? Man kann sich den Zauber kaum vorstellen, der von einem gelungenen Arrangement aus Wasser und üppigem Grün ausgeht, wenn vor dem Fenster die kleine Oase, in warmes Licht getaucht, bis in den Abend hinein wirken kann und selbst trübe Tage sich durch Licht erhellen. Auch dauerhaft schattige Nordlagen können geradezu aufleben, wenn man den Miniwassergarten stundenweise beleuchtet.
Mit normalen Leuchtquellen wie Neonlampen oder einfachen Birnen kann man nicht viel erreichen. Weit besser eignen sich HQL-Strahler, die sich als Beleuchtung über hohen Aquarien schon jahrelang bewähren. Das Besondere an diesen Lampen ist ein Spezialparabolspiegel, der eine große Licht-

So wird die Kaskade gebaut: Eine Pumpe befördert das Wasser nach oben, der dazu nötige Schlauch wird in der Dekoration versteckt.

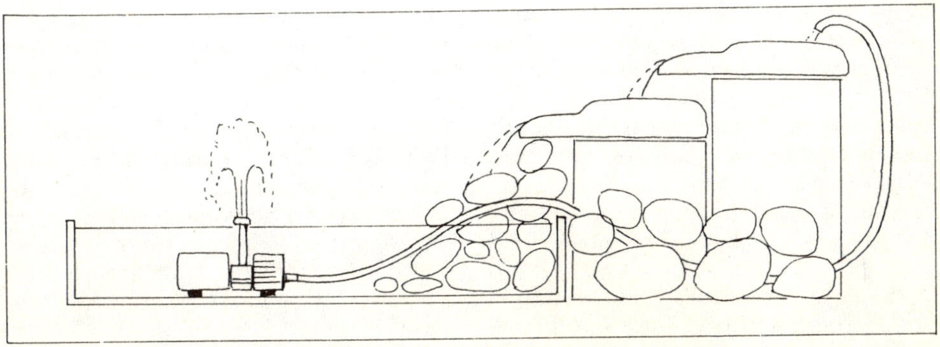

ausbeute gewährleistet. Ein weiterer Vorteil ist die Möglichkeit, daß man ein und dieselbe Birne entweder mit 80 oder 125 Watt betreiben kann. Je nach erwünschter Lichtstärke braucht man am Lampengehäuse nur einen Kippschalter zu betätigen.
Schon mit ein oder zwei HQL-Lampen kann man eine optimale Ausleuchtung von 2 bis 3 m^2 Fläche erreichen. Das Licht läßt sich übrigens auch mit einer Schaltuhr automatisch ein- und ausschalten.
Überraschenderweise kann man feststellen, daß bei einer zusätzlichen Beleuchtung mit HQL-Lampen selbst solche Pflanzen gut gedeihen, die sonst schwierig zu pflegen sind.

Wenn es Winter wird

Draußen überwintern

Von wenigen Ausnahmen abgesehen, müssen die Pflanzen unseres Miniwassergartens vor allzu strengem Frost und lang anhaltenden Minustemperaturen geschützt werden.
In unserer kleinen Anlage steht ihnen nämlich im Gegensatz zu natürlichen Standorten, wo sie problemlos überwintern, wenig Platz und nur wenig Pflanzsubstrat zur Verfügung. Außerdem kann die Kälte von allen Seiten, auch vom Boden her, auf sie einwirken. Dadurch besteht die große Gefahr, daß die Erde im Behälter zu einem Klumpen gefriert und dabei auch noch die Wurzelballen austrocknen. Beides führt zum Absterben der Pflanzen.
Damit es dazu nicht kommen kann, gilt es einiges zu tun. Leider gibt es kein »Rezept«, das für *alle* Anlagen gelten kann. Zu unterschiedlich sind die Behälter in Bauweise und Größe, und die Standorte weisen große klimatische Unterschiede auf. Deshalb muß man mit etwas Fingerspitzengefühl an die Sache herangehen.
In jedem Fall wird alles Verwelkte abgeschnitten und entfernt, damit während des Winters nichts faulen kann. Dann wird, um Luft zirkulieren zu lassen, das Erdreich mit einer kleinen Blumenharke an der Oberfläche etwas aufgelokkert. Anschließend beginnt man mit den Frostschutzmaßnahmen. Unter den Boden der Anlage schiebt man passend zugeschnittene Styroporplatten. Für die Seitenverkleidung bastelt man vier Rahmen, die man mit einfachen Haken miteinander verbinden kann. Dazu nimmt man Vierkant-Latten und befestigt darauf wiederum Styroporplatten. An den Seiten sollten diese Wände gut anliegen, in der Höhe aber 10 bis 20 cm über den Behälterrand hinausragen, damit die Luft zirkulieren kann.

Überwinterung

So wird der Teich winterfest: Wir umgeben ihn mit einer schützenden Styroporhülle, die auf einen zusammensteckbaren Lattenrahmen montiert ist. Der aufklappbare Deckel ist ebenfalls mit Styropor oder mit einer durchsichtigen Noppenfolie isoliert.

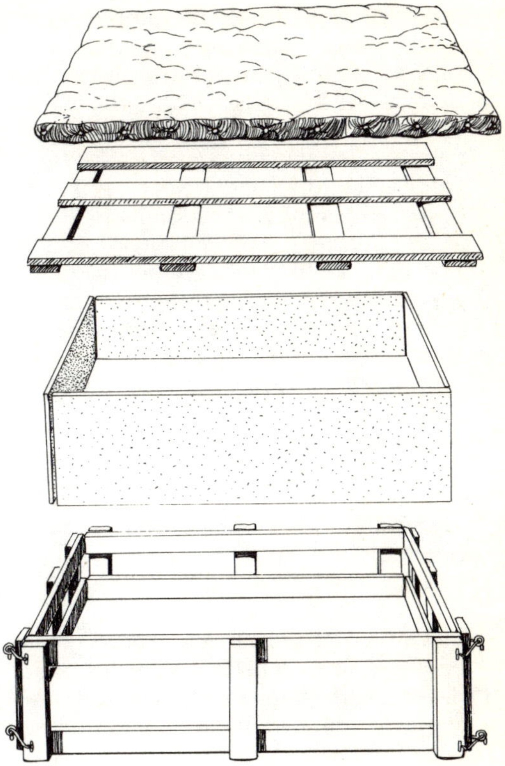

Ein weiterer Rahmen soll uns als Deckel dienen. Er sollte beweglich angebracht sein, damit man ihn zum Lüften öffnen kann, wenn kein Frost herrscht.
Wenn es der Standort erlaubt, kann das Wasserbecken mit den Pflanzen so geschützt auch draußen überwintern. Allerdings sollte man dann anstatt der Styroporisolierung eine Noppenfolie, wie sie für Folienhäuser gebraucht wird, verwenden. Der Vorteil liegt in der Lichtdurchlässigkeit. Als praktisch hat es sich erwiesen, wenn man, besonders in Südlagen, bei Sonnenschein den Deckel geöffnet läßt und nur noch abdeckt, wenn Nachtfröste angesagt sind.
Unsere Winterverpackung kann wie ein Frühbeetkasten wirken. Deshalb muß man auch die Bodenfeuchtigkeit beobachten; vor allem dann, wenn sich die ersten Austriebe zeigen.
Ob man das Wasserbecken entleert oder gefüllt überwintern läßt, richtet sich nach den bei Ihnen vorliegenden Klimaverhältnissen und dem Besatz. Wenn noch keinerlei Erfahrungen mit Wasserbehältern aus früheren Wintern vorliegen, so sollte das gesamte Wasserleben sicherheitshalber im frostsicheren Raum überwintern.
Dies gilt nicht nur für unsere Fische, sondern auch für die meisten der kleinwüchsigen Seerosenhybriden, die vor allem im ersten Jahr Frostschutz brauchen. Während der Vegetationsperiode haben sie zwar in ihren Wurzelstöcken (Rhizomen) Nährstoffe angesammelt, aber die Blätter und Blüten sind im Herbst allesamt gelb geworden und abgestorben. Damit sich keine Fäulnis ausbreiten kann, trennt man alles Welke mit einer möglichst scharfen Schere ab und entfernt, was matschig und »anrüchig« geworden ist. Dann nimmt man die kleinen Seerosen samt ihren Kör-

ben aus dem Wasser und überwintert sie drinnen frostfrei, aber feucht.
Andere Unterwasserpflanzen, wie *Myriophyllum*, Wasserpest oder der Wasserschlauch, haben im Herbst sogenannte Überwinterungsknospen hervorgebracht und sind auf den Behälterboden abgesunken, nachdem die Blattmasse immer weniger geworden ist. Auf dem Behälterboden überwintern sie auch, wenn Wasser oder genügend Feuchtigkeit vorhanden ist, um im zeitigen Frühjahr wieder auszutreiben.
Grundsätzlich muß man aber alle Bekken, die aus Glas sind, aus der Anlage herausnehmen. Sie dienen uns drinnen als willkommenes Überwinterungsaquarium. Alle anderen Gefäße sollte man bis auf einen kleinen Wasserrest entleeren und das Becken mit gehäckseltem Stroh (gibt es im Zoofachhandel als Heimtierstreu) wieder auffüllen, um sie vor Frostbruch zu schützen.
Häufig können Plastikbehälter in günstigen Lagen auch draußen unter der Schutzhaube den Winter überdauern. Das Wasser braucht man dann nicht einmal abzuschöpfen. Die Erfahrung hat nämlich gezeigt, daß eine ganz dünne Eisschicht keinen Schaden anrichten kann. Dicker als 2 bis 3 cm sollte sie aber auf keinen Fall werden. Sonst besteht die Gefahr, daß Seerosen und andere Unterwasserpflanzen zu Schaden kommen oder der Behälter, wenn er ganz durchfriert, durch den Eisdruck platzt.
Vor allem während des ersten Winters sollte man alles regelmäßig kontrollieren und beobachten, damit man sich auf die folgenden Winter noch besser einstellen kann.

Drinnen überwintern

Wie schon erwähnt, dürfen unsere Schleierschwänze nicht draußen überwintern. Wenn die Wassertemperatur andauernd unter 15 °C absinkt, ist es Zeit, die Fische nach drinnen zu bringen, um sie vor Schaden zu bewahren. Dazu kann man sie mit ihrem bisherigen Domizil in einen frostfreien Raum bringen.
Damit in einem kalten Zimmer die Temperatur auf Dauer nicht unter 18 °C absinken kann, muß man allerdings einen Aquarienheizer (Regelheizer) im Bekken installieren. Die Wassertemperatur sollte dann auf ca. 23 °C gehalten werden.
Wenn man ein Glasbecken (Aquarium) zur Verfügung hat, so kann man seine Fische auch im Wohnbereich überwintern, was seinen besonderen Reiz hat, denn nun kann man sie von allen Seiten betrachten und beobachten.
Um sich am bunten Treiben im Aquarium während der trüben Monate zu erfreuen, stellt man das Aquarium gut einsehbar an einen exponierten Platz. Das kann natürlich auch ein Wintergarten sein.
Nicht auf die Heizung oder direkt an ein Südfenster stellen, damit das Wasser nicht zu warm wird!
Wenn man das Aquarium noch hübsch dekoriert und das Wasser filtert, kann das Ganze ein willkommener Zimmerschmuck sein.
Um beim Umsetzen von draußen nach drinnen jeglichen Schock zu vermeiden, muß man die Fische, ähnlich wie beim Neukauf, umgewöhnen. Die Erstfüllung des Aquariums besteht daher zu

40 % aus dem ursprünglichen Beckenwasser und zu 60 % aus frischem Leitungswasser, dem das obligatorische Wasseraufbereitungsmittel zugegeben wird.

Wenn möglich, sollte das Aquarium vor dem Umsetzen der Fische schon einige Wochen vorher im Zimmer »einlaufen«. Zum Herausfangen und Umsetzen braucht man ein weiches Netz, damit man die empfindliche Fischhaut nicht beschädigt. Nach dem Umsetzen sollte 2 bis 3 Tage lang kein Futter gereicht werden und nach dieser Zeit wiederum

Für kleine Balkone oder Terrassen können solche dreieckigen Miniwassergärten ideal sein. Die Bauweise bleibt immer die gleiche.

⅓ des Aquariumwassers ausgetauscht werden. Nach dem Umsetzen beobachten wir die Fische, um nötigenfalls sofort reagieren zu können. Wenn während der Umgewöhnungsphase Unpäßlichkeiten auftreten sollten, so geben wir das entsprechende Heilmittel (siehe S. 54).
Selbstverständlich testen wir das Wasser regelmäßig und betreiben die gewohnte Wasserpflege. Gefüttert wird auch hier wieder nur so viel, wie sofort gefressen wird. Als Filter kann das Gerät verwendet werden, das sich draußen gut bewährt hat.
Ob man Licht über dem Aquarium haben muß, richtet sich nach der Einrichtung und den Pflanzen, die man pflegen will. Pflanzen brauchen natürlich Licht, um wachsen zu können. Leider haben unsere Schleierschwänze viele Pflanzen zum Fressen gern, was die Pflanzenauswahl beratungsbedürftig macht. Es gibt im Zoofachhandel gut geeignete Arten, die man im Frühjahr mit den Fischen auch raussetzen kann (siehe Seite 29). Für den Betrachter ist es auf alle Fälle hübscher, seine Fische unter einer guten Aquariumbeleuchtung zu beobachten.
Gut gepflegt, können die Fische dann im Frühjahr, wenn die letzten Nachtfröste vorüber sind, gesund und munter zurück nach draußen. Beim Umsetzen verfährt man wieder wie schon beschrieben.

Literatur

BECK, PETER: Der Optimale Gartenteich. Bielefeld 1988.

BEHRENDS, JÜRGEN: Wasser in unserem Garten. Stuttgart 1986.

GREGER, BERND: Aquarienpflanzen. Stuttgart 1991.

HILBLE, ROBERT und GABRIELE LANGFELDT-FELDMANN: Goldfische. Stuttgart 1990.

ROGNER, MANFRED: Unser Gartenteich. Stuttgart 1989.

SCHMIDTKE, FRIEDRICH: Gesunde Pflanzen durch Jauche und Brühen. Stuttgart 1990.

SCHUBERT, GOTTFRIED und DIETER UNTERGASSER: Krankheiten der Fische. Stuttgart 1991.

UNTERGASSER, DIETER: Krankheiten der Aquarienfische. Stuttgart 1989.

Register

Register

Register

Register

Schöner leben mit Pflanzen

Entdecken Sie in Ihrem Garten, auf Ihrem Balkon, ja sogar auf Ihrem Fensterbrett, wie wunderbar das Leben mit Pflanzen sein kann. Lassen Sie sich von ihrem Wuchs, ihrer Blüte bezaubern–und eine Welt wird sich Ihnen offenbaren. Ob Anbau, Pflege, Ernte, Überwintern: Ihre Kosmos - Ratgeber vermitteln Ihnen alles Wissen, das Sie dazubrauchen

Ewald Kleiner
Kübelpflanzen
Was gibt es schöneres, als blühende Kübelpflanzen wie Oleander oder Bougainvillee, Kräuter, Gemüse oder Obstgehölze auf der Terrasse, dem Balkon?.
72 Seiten
kartoniert,
ISBN 3-440-06492-1

Paul Seitz
Duftpflanzen
Blüten - und Pflanzendüfte wirken besonders positiv auf Wohlbefinden und Gesundheit des Menschen. Dieser Ratgeber leitet zu Anbau, Pflege und Konservierung vieler bezaubernder Duftpflanzen an.
72 Seiten
kartoniert,
ISBN 3-440-06334-6

Paul Seitz
Küchenkräuter
Für über 50 beliebte und gern verwendete Küchenkräuter gibt es hier Rat für Anbau, Pflege und Verwendung in Küche und Naturheilkunde
72 Seiten
kartoniert,
ISBN 3-440-06176-0

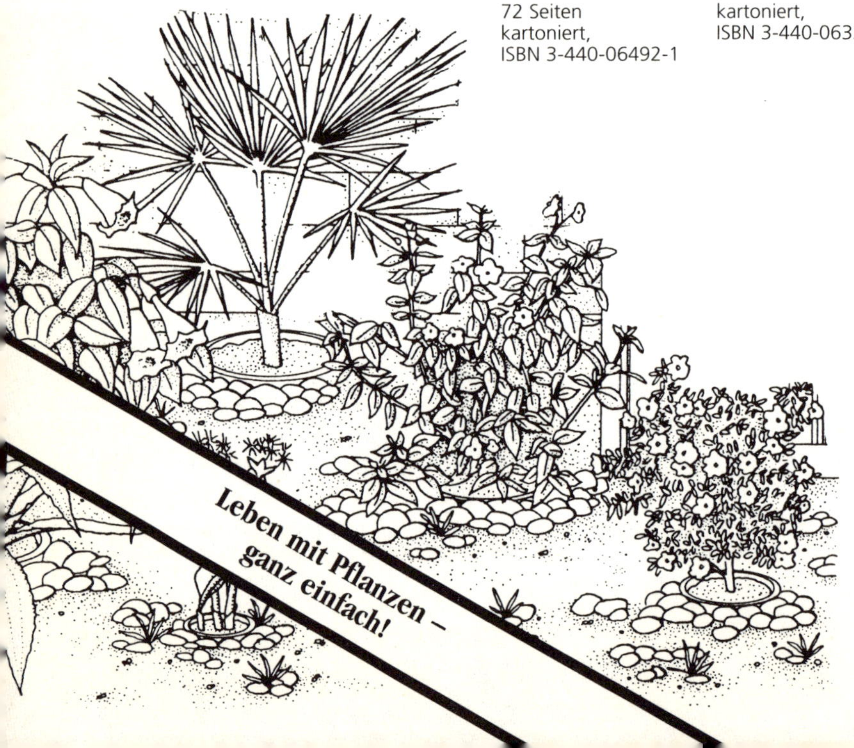

Überall wo´s Bücher gibt.

franckh kosmos

Franckh-Kosmos
Stuttgart